Sikora/Martinek/Ertl

Bilanzanalyse kompakt

Bilanzanalyse kompakt

Was ist wesentlich im Zahlenwust?

Mag. Christian Sikora
Wirtschaftsprüfer und Steuerberater

Andreas Martinek, MSc (WU), MA
Wirtschaftsprüfer und Steuerberater

Mag. Peter Ertl
Wirtschaftsprüfer und Steuerberater

Zitiervorschlag: *Sikora/Martinek/Ertl*, Bilanzanalyse kompakt (2023) Seite

Bibliografische Information der Deutschen Nationalbibliothek

Die Deutsche Nationalbibliothek verzeichnet diese Publikation in der Deutschen Nationalbibliografie; detaillierte bibliografische Daten sind im Internet über http://dnb.d-nb.de abrufbar.

Hinweis: Aus Gründen der leichteren Lesbarkeit wird auf eine geschlechtsspezifische Differenzierung verzichtet. Entsprechende Begriffe gelten im Sinne der Gleichbehandlung für alle Geschlechter.

ISBN 978-3-7143-0368-1 (Print)
ISBN 978-3-7094-1177-3 (E-Book-ePub)
ISBN 978-3-7094-1176-6 (E-Book-PDF)

1210 Wien, Scheydgasse 24, Tel.: 01/24 630
www.lindeverlag.at

Druck: Hans Jentzsch & Co GmbH
1210 Wien, Scheydgasse 31
Dieses Buch wurde in Österreich hergestellt.

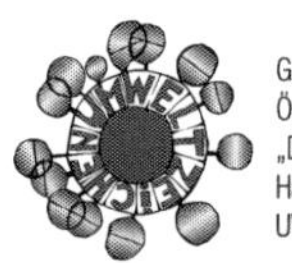

Gedruckt nach der Richtlinie des Österreichischen Umweltzeichens „Druckerzeugnisse“, Druckerei Hans Jentzsch & Co GmbH, UW-Nr. 790

Vorwort und Aufbau des Buches

Eigentümerinnen und Eigentümer, Geschäftsführerinnen und Geschäftsführer, aber auch Finanzämter oder Banken sind an Informationen über die wirtschaftliche Entwicklung von Unternehmen interessiert. Doch wie interpretiert man die in einem Jahresabschluss dargestellten Kennzahlen und Werte? Welche Informationen sind in Bilanz oder Gewinn- und Verlustrechnung wesentlich und wie kann man sie zur Risikoanalyse und Unternehmenssteuerung nutzen?

Das vorliegende Buch stellt eine umfassende Überarbeitung und inhaltliche Erweiterung von „Bilanzanalyse für Einsteiger – Was ist wesentlich im Zahlenwust?“ dar. Das Ziel des Buches ist, der Zielgruppe einen kompakten Überblick über die Jahresabschlussanalyse zu geben. Zielgruppe sind Personen, die Jahresabschlüsse in der Praxis lesen und analysieren, ohne eine vertiefte Ausbildung dafür zu haben. Wir gehen auf Jahresabschlüsse nach österreichischem und deutschem Recht ein und geben einen Ausblick in Richtung der internationalen Rechnungslegungsstandards IFRS. Da sich das vorliegende Buch an Einsteiger in die Bilanzanalyse richtet, gehen wir insbesondere auf die Analyse von Jahresabschlüssen einzelner Unternehmen ein, während die Analyse von Konzernabschlüssen nicht im Fokus liegt.

Im **ersten Kapitel** präsentieren wir einen Überblick über die Grundlagen des Jahresabschlusses und der Bilanzanalyse. Anschließend gehen wir im **zweiten und dritten Kapitel** auf die wesentlichen Grundlagen der Rechnungslegung gemäß österreichischem Unternehmensgesetzbuch (UGB) und deutschem Handelsgesetzbuch (dHGB) ein. Aufgrund der Bedeutung von internationalen Rechnungslegungsstandards (IFRS) erläutern wir deren Grundlagen kurz im **vierten Kapitel**. Im **fünften Kapitel** präsentieren wir einen zusammengefassten Überblick über die wesentlichen Unterschiede zwischen der Bilanzierung nach UGB, dHGB und IFRS. In den Kapiteln 1 bis 5 werden Grundlagen der Bilanzierung präsentiert, um einen einfacheren Einstieg in die erfolgreiche Jahresabschlussanalyse zu ermöglichen.

Basierend auf den vorigen Kapiteln zeigen wir im **sechsten Kapitel** die Grundlagen, wie eine Jahresabschlussanalyse durchgeführt wird. Im **siebten Kapitel** stellen wir ausgewählte Analysewerte, also die gängigen Kennzahlen zur Jahresabschlussanalyse, dar. Um das Wissen greifbar zu machen, geben wir für die einzelnen Kennzahlen leicht verständliche Rechenbeispiele. Zudem werden Beispiele für mögliche Ausprägungen der Kennzahlen, die wir auf Basis der Datenbank BACH ermittelt haben, dargestellt. Dies hilft beim Verständnis und der Interpretation von berechneten Analysewerten.

Um Ihnen die Weiterentwicklung im Bereich der Rechnungslegung und Bilanzanalyse zu erleichtern, geben wir auf der dargelegten Basis Hinweise für weiterführende Lehrliteratur.

Für die Unterstützung bei der Erstellung danken wir KPMG Austria GmbH, Wirtschaftsprüfungs- und Steuerberatungsgesellschaft sowie insbesondere Herrn *Fabian Weigert*.

Wien, im Januar 2023

Christian Sikora,
Andreas Martinek,
Peter Ertl

Inhaltsverzeichnis

Abbildungsverzeichnis

Tabellenverzeichnis

Abkürzungsverzeichnis

Abs	Absatz
Abschr	Abschreibung
AFRAC	Austrian Financial Reporting and Auditing Committee
AG	Aktiengesellschaft
AHK	Anschaffungs- und Herstellungskosten
AO	Abgabenordnung
AV	Anlagevermögen
BACH	Bank for the Accounts of Companies Harmonised
BilMoG	Bilanzmodernisierungsgesetz
bzw	beziehungsweise
BörseG	Börsegesetz
BW	Buchwert
BWG	Bankwesengesetz
CCC	Cash Conversion Cycle
D	Deutschland
dEStG	Deutsches Einkommensteuergesetz
dh	das heißt
dHGB	deutsches Handelsgesetzbuch
DRS	Deutscher Rechnungslegungsstandard
DRSC	Deutsches Rechnungslegungs Standards Comitee
EBIT	Earnings before Interest and Taxes
EBITDA	Earnings before Interest and Taxes, depreciation and amortization
EBT	Earnings before Taxes
EK	Eigenkapital
ESEF	European Single Electronic Format
ESMA	European Securities and Markets Authority
EStG	Einkommensteuergesetz
EU	Europäische Union
EWR	Europäischer Wirtschaftsraum
FK	Fremdkapital
etc	et cetera
gem	Gemäß
GKR	Gesamtkapitalrentabilität
GmbH	Gesellschaft mit beschränkter Haftung
GoB	Grundsätze ordnungsmäßiger Buchführung

GJ	Geschäftsjahr
GuV	Gewinn- und Verlustrechnung
Hrsg	Herausgeber
IAS	International Accounting Standards (neue Standards heißen nach 2002 IFRS)
IASB	International Accounting Standards Board
IFRIC	International Financial Reporting Interpretations Committee
IDW	Institut der Wirtschaftsprüfer (Deutschland)
IFRS	International Financial Reporting Standards
ISA	International Standards on Auditing
IWP	Institut Österreichischer Wirtschaftsprüfer
KapGes	Kapitalgesellschaft
KG	Kommanditgesellschaft
KSW	Kammer der Steuerberater und Wirtschaftsprüfer
lit	Buchstabe
MH	Mittelherkunft
MV	Mittelverwendung
NACE	Nomenclature statistique des activités économiques dans la Communauté européenne
Nr	Nummer
Ö	Österreich
PublG	deutsches Publizitätsgesetz
ROI	Return on Investment
ROIC	Return on Total Invested Capital
Rz	Randziffer
SIC	Standing Interpretations Committee
TS	Teilstrich
UB	Umbuchung
UGB	österreichisches Unternehmensgesetzbuch
UR	Umsatzrentabilität
UV	Umlaufvermögen
VJ	Vorjahr
vgl	vergleiche
Z	Ziffer
zB	zum Beispiel
ZMK	Zahlungsmittelkonto
Zuschr	Zuschreibung

Literaturverzeichnis

Stellungnahmen

AFRAC (2021): AFRAC-Stellungnahme 39: Änderungen von Abschlüssen und Lageberichten (UGB).

AFRAC (2020): AFRAC-Stellungnahme 32: Umsatzrealisierung.

AFRAC (2019): AFRAC-Stellungnahme 34: Wesentlichkeit bei der Aufstellung von UGB-Abschlüssen.

AFRAC (2019): AFRAC-Stellungnahme 14: Bilanzierung von nicht-derivaten Finanzinstrumenten (UGB).

AFRAC (2015): AFRAC-Stellungnahme 16: Werthaufhellung und Wertbegründung (UGB).

AFRAC (2015): AFRAC-Stellungnahme 27: Personalrückstellungen (UGB).

DRS (2017): DRS 13: Grundsatz der Stetigkeit und Berichtigung von Fehlern.

Kammer der Wirtschaftstreuhänder (2016): KFRS/RL 13: Bilanzierung von Genussrechten und von Hybridkapital.

Institut der Wirtschaftsprüfer (2007): IDW RS HFA 6: Änderung von Jahres- und Konzernabschlüssen.

Institut der Wirtschaftsprüfer (2018): IDW Rechnungslegungshinweis: Anhangangaben nach § 285 Nr. 18 bis 20 HGB zu bestimmten Finanzinstrumenten (IDW RH HFA 1.005).

Datenquellen

BACH database: ECCBSO, Banco de España, Banco de Portugal, Banque de France, Bankque Nationale de Belgique, Czech National Bank (in cooperation with the Czech Statistical Office), Danmarks Nationalbank, National Bank of Poland (calculations of National Bank of Poland on the basis of the data from the Central Statistical Office), National Bank of Croatia, Centraal Bureau voor de Statistiek (the Netherlands), Cerved Group and Banca d'Italia, Deutsche Bundesbank, Statec Luxembourg, National Bank of Slovakia (calculations based on data from the Ministry of Finance), Oesterreichische Nationalbank, Türkiye Cumhuriyet Merkez Bankasi (https://www.bach.banque-france.fr, abgerufen am 12.9.2022).

BACH (2022): BACH Userguide Summary – January 2022 (https://www.bach.banque-france.fr, abgerufen am 12.9.2022).

Artikel

Baker, Malcolm/Wurgler, Jeffrey (2002): Market Timing and Capital Structure. The Journal of Finance, 2002 (57), 1–32.

Barton, Jan/Hansen, Bowe/Pownall, Grace (2010): Which Performance Measures Do Investors Around the World Value the Most – And Why? The accounting review: a journal of the American Accounting Association, 2010 (3), 753–791.

Clinch, Greg/Tarca, Ann/Wee, Marvin (2018): The Value Relevance of IFRS Earnings Totals and Subtotals and Non-GAAP Performance Measures. SSRN, 25.5.2022, https://papers.ssrn.com/sol3/papers.cfm?abstract_id=3178567, abgerufen am 12.9.2022.

Hogan, Chris E./Rezaee, Zabihollah/Riley, Richard A./Velury, Uma K. (2008): Financial Statement Fraud – Insights from the Academic Literature. Auditing: a journal of practice & theory, 2008 (2), 231–252.

Kraus, Alan/Litzenberger, Robert H. (1973): A State-Preference Model of Optimal Financial Leverage. The Journal of Finance, 1973 (28), 911–922.

Modigliani, Franco/Miller, Merton H. (1958): The Cost of Capital, Corporation Finance and the Theory of Investment. The American Economic Review, 1958 (48), 261–297.

Myers, Stewart C./Majluf, Nicholas S. (1984): Corporate financing and Investment decision when firms have Information that Investors do not have. Journal of Financial Economics, 1984 (13), 187–211.

Preinreich Gabriel A.D. (1937): Valuation and Amortization. American Accounting Association, 1937 (12), 209–226.

Rizzato, Fabio/Busso, Donatella/Devalle, Alain (2019): Value Relevance of Financial Performance Measures under IFRS: An Analysis of European Listed Companies. International Business Management, 2019 (13), 101–118.

Bücher

Hirschböck, Günther/Kerschbaumer, Helmut/Schurbohm, Anne (2016): IFRS für Führungskräfte. 3. Auflage. Wien: Linde Verlag.

Baetge, Jörg/Kirsch, Hans Jürgen/Thiele, Stefan (2021): Konzernbilanzen. 14. Auflage. Düsseldorf: IDW Verlag.

Baumüller, Josef/Kreuzer, Christian (2014): SWK-Spezial Bilanzanalyse. 1. Auflage. Wien: Linde Verlag.

Bertl, Romuald/Deutsch-Goldoni, Eva/Hirschler, Klaus (2019): Buchhaltungs- und Bilanzierungshandbuch. 11. Auflage. Wien: LexisNexis.

Coenenberg, Adolf G./Haller, Axel/Schultze, Wolfgang (2021): Jahresabschluss und Jahresabschlussanalyse. Betriebswirtschaftliche, handelsrechtliche, steuerrechtliche und internationale Grundlagen – HGB, IAS/IFRS, US-GAAP, DRS. 26. Auflage. Stuttgart: Schäffer-Poeschel.

Egger, Anton/Bertl, Romuald/Hirschler, Klaus/Mittelbach-Hörmanseder, Stéphanie (2019): Der Jahresabschluss nach dem Unternehmensgesetzbuch. Band 3. Jahresabschlussanalyse und Unternehmensplanung mit Kennzahlen. 2. Auflage. Wien: Linde Verlag.

Fischl, Dietmar (2020): IFRS versus UGB. Für die Bilanzierungspraxis ausgewählte Standards mit Fallbeispielen. 2. Auflage. Wien: Linde Verlag.

Fritz-Schmied, Gudrun/Schuschnig, Tanja/Kraßnig, Ulrich (2022): Bilanzierung kompakt. 1. Auflage. Wien: Linde Verlag.

Fröhlich, Christoph (2022): Praxis der Konzernrechnungslegung. 5. Auflage. Wien: Linde Verlag.

Grünberger, David (2021): IFRS 2022. Ein systematischer Praxisleitfaden. 19. Auflage. Wien: LexisNexis.

Konezny, Gerd in Torggler, Ulrich (Hrsg) (2019): UGB Unternehmensgesetzbuch Kommentar. 3. Auflage. S 975-976. Wien: Linde Verlag.

Kopecka, Nattarinee, A literature review of financial performance measures and value relevance. In *Procházka, David* (Hrsg) (2018): The Impact of Globalization on International Finance and Accounting, 385–393. Berlin, Heidelberg: Springer Gabler.

KPMG AG Wirtschaftsprüfungsgesellschaft (2021): IFRS visuell. Die IFRS in strukturierten Übersichten (2021). 9. Auflage, Stand: 31.12.2020. Stuttgart, Ipswich: Schäffer-Poeschel Verlag.

Kralicek, Peter/Böhmdorfer, Florian/Kralicek, Günther (2008): Kennzahlen für Geschäftsführer: Bilanzanalyse und Jahresabschlussszenarien; Controlling und Cash-Management; Investitionsentscheidungen und Unternehmensbewertung. 5. Auflage. München; mi-Fachverlag.

Lachnit, Laurenz/Müller, Stefan (2017): Bilanzanalyse. Grundalgen — Einzel- und Konzernabschlüsse — HGB- und IFRS-Abschlüsse — Unternehmensbeispiele. 2. Auflage. Wiesbaden; Springer Gabler.

Losbichler, Heimo/Eisl, Christoph/Engelbrechtsmüller, Christian (Hrsg) (2015): Handbuch der betriebswirtschaftlichen Kennzahlen. Wien: Linde Verlag.

Loser, Philipp/Urnik, Sabine/Urtz Christoph, § 204 UGB, Abschreibungen im Anlagevermögen. In: *Straube, Manfred/Ratka, Thomas/Rauter, Roman Alexander* (Hrsg) (2022), Wiener Kommentar zum Unternehmensgesetzbuch. UGB II/RLG, (abgerufen am 12.9.2022, rdb.at), Wien: Manz Verlag.

Mumm, Mirja (2008): Kosten- und Leistungsrechnung. Internes Rechnungswesen für Industrie- und Handelsbetriebe. Heidelberg: Physica-Verlag

Mumm, Mirja (2020): Einführung in das betriebliche Rechnungswesen. Buchführung für Industrie- und Handelsbetriebe. 4. Auflage. Berlin, Heidelberg: Springer Gabler.

Mussnig, Werner/Juritsch, Ulrike/Rausch, Alexandra/Sitter, Alexander (2021): Controlling für Führungskräfte. Analysieren - Bewerten - Entscheiden. 4. Auflage. Wien: Linde Verlag.

Nowotny, Christian, §195, Inhalt der Bilanz. In: *Straube, Manfred/Ratka, Thomas/Rauter, Roman Alexander* (Hrsg) (2022), Wiener Kommentar zum Unternehmensgesetzbuch. UGB II/RLG, (abgerufen am 12.9.2022, rdb.at), Wien: Manz Verlag.

Straube, Manfred/Ratka, Thomas/Rauter, Roman Alexander (Hrsg) (2022): Wiener Kommentar zum Unternehmensgesetzbuch. Rechnungslegung – IFRS. 3. Auflage. Wien: Manz.

Steiner, Christian/Jankovic, Aleksandar (2017): UGB vs IFRS - der Jahresabschluss im Vergleich. 2. Auflage. Wien: MANZ'sche Verlags- und Universitätsbuchhandlung.

Torggler, Ulrich (Hrsg) (2019): UGB 2019. 3. Auflage. Wien: Linde Verlag.

Vater, Hendrik, Klepzig, Heinz-Jürgen, Kennzahlen des Working Capitals. In: *Losbichler, Heimo/Eisl, Christoph/Engelbrechtsmüller, Christian* (Hrsg) (2015): Handbuch der betriebswirtschaftlichen Kennzahlen. S 303–320. Wien: Linde Verlag.

Wagenhofer, Alfred (2019): Bilanzierung und Bilanzanalyse. Eine Einführung. 14. Auflage. Wien: Linde Verlag.

Wagenhofer, Alfred/Ewert, Ralf (2015): Externe Unternehmensrechnung. 3. Auflage. Berlin, Heidelberg: Springer Gabler.

1. Grundlagen des Jahresabschlusses und der Bilanzanalyse

1.1. Was versteht man unter einer Bilanzanalyse?

Die Bilanzanalyse ist eine strukturierte Analyse des Jahresabschlusses, bestehend aus Bilanz, Gewinn- und Verlustrechnung sowie Anhang. Entscheidend ist eine strukturierte und gleichartige Vorgehensweise, da die Interpretation der Ergebnisse im Wesentlichen durch internen oder externen Vergleich erzielt wird. Es sollen Aussagen über die wirtschaftliche Entwicklung, die derzeitige Finanz-, Vermögens- und Ertragssituation sowie über das zukünftige Potenzial, aber auch die Risiken des Unternehmens getroffen werden. Vereinfacht gesprochen werden die Informationen des Jahresabschlusses zu einzelnen Kennzahlen verdichtet, um eine Aussage über bestimmte Teilaspekte des Unternehmens zu treffen. Teilaspekte können zB das Insolvenzrisiko, die Rentabilität oder die Finanzierungstruktur des Unternehmens sein.

1.2. Wer sind die Adressaten der Bilanzanalyse?

Jedes Unternehmen hat zahlreiche Interessengruppen, die alle an der Entwicklung des Unternehmens in unterschiedlichem Ausmaß interessiert sind. Eine Einteilung in interne und externe Adressaten könnte wie folgt aussehen:

Interne Adressaten	Externe Adressaten
Geschäftsführer	Eigentümer
Bereichsverantwortliche	Banken
Mitarbeiter	Finanzbehörden
Betriebsrat	sonstige Kapitalgeber
Etc	Kunden
	Etc

Tab 1: Interne und externe Adressaten der Bilanzanalyse

Interne Adressaten sind in die täglichen Geschäfte des Unternehmens eingebunden, weshalb sie typischerweise zusätzliche Informationen zum Jahresabschluss zur Verfügung haben oder ihnen die Informationen bereits früher zur Verfügung stehen. Externen Adressaten stehen im schlechtesten Fall lediglich die Daten des Jahresabschlusses zur Verfügung (zur Veröffentlichungspflicht von Jahresabschlüssen und Lageberichten siehe Kapitel 2.2. und Kapitel 3.2.).

1.3. Was sind die Ziele einer Bilanzanalyse?

Die Ziele der Bilanzanalyse variieren je nach Adressaten. Banken beispielsweise interessieren sich hauptsächlich für die zukünftige Möglichkeit des Unternehmens, den

Zinsen- und Kapitalzahlungen nachzukommen. Für die Eigentümer wird dies zu wenig sein. Sie interessiert vor allem das Potenzial für zukünftige Ausschüttungen und die Wertentwicklung. Der Betriebsrat wiederum ist daran interessiert, die Mitarbeiterbeteiligung am Erfolg zu erhöhen und entsprechend auf die Entlohnung Einfluss zu nehmen. Den Finanzämtern geht es um die korrekte Steuerbemessungsgrundlage und auch um die Aufdeckungen von potenziellem Steuerbetrug.

Aufgrund dieser vielen spezifischen Anforderungen einzelner Adressaten definieren wir für die Zwecke dieses Buches die Ziele der Bilanzanalyse sehr allgemein wie folgt:

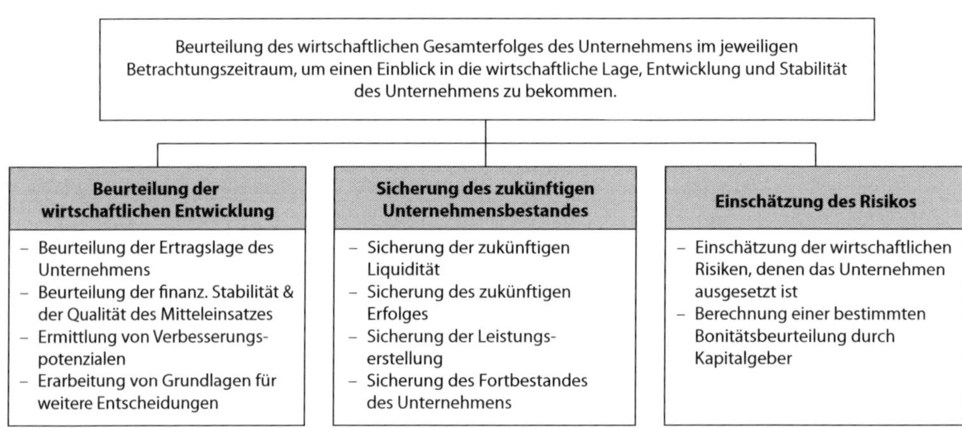

Abb 1: Ziele der Bilanzanalyse

1.4. Probleme der Bilanzanalyse

Probleme ergeben sich vor allem in der Verfügbarkeit, Verlässlichkeit und in der Vergleichbarkeit der verwendeten Daten.

Verfügbarkeit: Generell haben interne Adressaten eine höhere Verfügbarkeit an Daten als externe Adressaten. Externe Adressaten sind im Regelfall auf die veröffentlichten Jahresabschlüsse oder freiwillig zur Verfügung gestellten Daten des Zielunternehmens angewiesen. Je nach Land können die Offenlegungspflichten und die Zugänglichkeit der Daten zum Teil stark variieren. In Österreich ist der Jahresabschluss beispielsweise neun Monate nach dem Bilanzstichtag einzureichen.[1] In Deutschland beträgt die Veröffentlichungsfrist zwölf Monate. Je nach Größe des Unternehmens variiert auch der Umfang der offenzulegenden Daten. Des Weiteren gibt es wesentliche und unwesentliche Fehldarstellungen.[2]

1 Im Zuge der COVID-19-Krise kam es in Österreich zur Verlängerung der Frist zur Aufstellung und Veröffentlichung von Jahresabschlüssen, die ab 2022 einschleifend zurückgenommen wurden.

2 Siehe hierzu im Detail die Erläuterungen betreffend den Grundsatz der Wesentlichkeit in Kapitel 2.5.9. Im österreichischen Recht wird „wesentlich“ in § 189a Z 10 UGB legaldefiniert. Zudem normiert AFRAC-Stellungnahme 34 die Wesentlichkeit bei der Aufstellung von UGB-Abschlüssen.

Verlässlichkeit: Theoretisch sollten in verschiedenen Jahresabschlüssen identische Sachverhalte, abgesehen von Bilanzierungswahlrechten[3] – wie beispielsweise die Bewertung der Vorräte nach dem FIFO oder dem gewogenen Durchschnittspreisverfahren –, auch identisch bilanziert werden. Praktisch bestehen für den Abschlussersteller innerhalb jedes Rechnungslegungsregimes Ermessensspielräume, die zu einer unterschiedlichen, aber dennoch regelkonformen Darstellung führen. Wird ein Sachverhalt jedoch entgegen den zugrunde liegenden Rechnungslegungsregelungen dargestellt oder werden die Ermessenspielräume überschritten, sprechen wir von einer Fehldarstellung. In der Praxis kommen sowohl unbewusste als auch bewusste Fehldarstellungen vor. In der Erstellung von Jahresabschlüssen ist der Wesentlichkeitsgrundatz anwendbar. Wesentlich sind Informationen, die Entscheidungen der Nutzer von Jahresabschlüssen beeinflussen.[4] Um die Verlässlichkeit von Jahresabschlüssen zu erhöhen, sind ab einer gewissen Größenklasse in den meisten Jurisdiktionen Pflichtprüfungen durch einen Abschlussprüfer vorgeschrieben.[5] Die Aufgabe des Abschlussprüfers ist es, eine Aussage darüber zu treffen, ob der Jahresabschluss frei von wesentlichen Fehldarstellungen ist. Ab wann eine Fehldarstellung als wesentlich einzustufen ist, liegt im pflichtgemäßen Ermessen des Abschlussprüfers. Die Einstufung hat sowohl quantitativ als auch qualitativ zu erfolgen. Als Richtlinie für die quantitative Wesentlichkeit kann man von 5–10 % des Jahresergebnisses oder 1–3 % der Umsatzerlöse ausgehen, wobei diese Größenordnungen und die Bezugsgrößen im pflichtgemäßen Ermessen des Prüfers liegen und auf der Einschätzung der Finanzinformationsbedürfnisse der Nutzer basieren.[6] Je nach Branche und Risikolage der Gesellschaft können auch geringere Beträge als wesentlich gelten. Auch Bilanzsumme, Eigenkapital oder andere Kennzahlen können, je nach Branche, als Bezugsgröße herangezogen werden. Innerhalb der Bandbreite werden Fehldarstellungen noch nicht als wesentlich angesehen, sofern nicht qualitative Faktoren trotzdem für eine wesentliche Fehldarstellung sprechen. Obwohl der Abschlussprüfer überwiegend analytische und stichprobenbezogene Prüfungshandlungen zur Aufdeckung von Fehldarstellungen durchführt, erhöht die Abschlussprüfung die Verlässlichkeit zumindest innerhalb der Wesentlichkeits-Bandbreiten. Insbesondere vermindert sich die Wahrscheinlichkeit von unbewussten Fehldarstellungen. Auch für bewusste Fehldarstellungen erhöht sich die Verlässlichkeit, schon allein aufgrund der Präventionswirkung. Kommt es dennoch zu bewussten Fehldarstellungen, ist davon auszugehen, dass bewusste Fehldarstellungen schwieriger aufzudecken sind, als unbewusste Fehldarstellungen. Der Abschlussersteller kann zusätzliche Verschleierungsmaßnahmen setzen. Generell kann also davon ausgegangen werden, dass die Verlässlichkeit variiert, ab einer gewissen Unternehmensgröße durch das Instrument der Abschlussprüfung die Verlässlichkeit erhöht wird, aber ein Restrisiko bestehen bleibt.

3 Siehe Kapitel 6.2.1.3. zu Bilanzierungswahlrechten in UGB, dHGB und IFRS sowie Kapitel 6.2.1.4. für Bilanzpolitik.

4 Vgl § 189a Z 10 UGB sowie AFRAC-Stellungnahme 34.

5 Vgl Kapitel 1.6. zum Punkt Abschlussprüfung, unter welchen Voraussetzungen eine Abschlussprüfung in Deutschland und Österreich vorgeschrieben ist.

6 Vgl ISA 320 Rz 4.

Vergleichbarkeit: Probleme in der Vergleichbarkeit ergeben sich zunächst aufgrund von unterschiedlichen Rechnungslegungsstandards. Beispielsweise können idente Sachverhalte in einem Abschluss nach deutschem Handelsrecht (dHGB) anders bilanziert werden als nach österreichischem Unternehmensrecht (UGB), nach den internationalen Rechnungslegungsstandards (IFRS) oder den US-GAAP. Die Vergleichbarkeit beispielsweise von deutschen und österreichischen Abschlüssen nach dHGB bzw UGB ist daher nur teilweise gegeben. Weiters bestehen auch für idente Sachverhalte innerhalb einer Rechnungslegungsnorm sowohl implizite als auch explizite Wahlrechte, die eine Vergleichbarkeit von zwei Jahresabschlüssen, die beispielsweise beide nach deutschem HGB erstellt wurden, erschweren. Im Rahmen der Bilanzanalyse wird versucht, bekannte Wahlrechte, soweit die Informationen vorhanden sind, einheitlich auszuüben und eine Bilanzbereinigung durchzuführen, um die Vergleichbarkeit zu erhöhen. Einer der Hauptgründe der Einführung der internationalen Rechnungslegungsstandards war es, die Vergleichbarkeit über die Landesgrenzen hinaus zu ermöglichen. Aus diesem Grund wurde auch versucht, so wenig explizite und implizite Wahlrechte wie möglich zuzulassen. Tendenziell sollte daher die Vergleichbarkeit von IFRS-Abschlüssen höher sein als von UGB- oder dHGB-Abschlüssen. Grundsätzlich sind umfangreichere Anhangangaben in IFRS-Abschlüssen vorgeschrieben, um den Adressaten ein besseres Verständnis von Ermessensentscheidungen und ausgeübten Wahlrechten zu geben.

1.5. Was versteht man unter einem Jahresabschluss?

Der Jahresabschluss besteht sowohl nach dem österreichischen Unternehmensrecht als auch nach dem deutschen Handelsrecht aus der Bilanz, der Gewinn- und Verlustrechnung und dem Anhang. Zusätzlich ist von Kapitalgesellschaften ab einer gewissen Größe, bei Konzernabschlüssen immer, ein Lagebericht zu erstellen. Bei Konzernabschlüssen[7] gemäß UGB, dHGB und IFRS sind weiters eine Cashflowrechnung und eine Eigenkapitalveränderungsrechnung verpflichtend zu ergänzen. In Österreich[8] und in Deutschland[9] ist der Jahresabschluss verpflichtend in Euro und in deutscher Sprache aufzustellen.[10]

Ein Jahresabschluss hat in Österreich und Deutschland neben der Informationsfunktion für interne und externe Adressaten auch die Aufgabe, den zur Ausschüttung an die Eigentümer zur Verfügung stehenden Bilanzgewinn zu bemessen. Darüber hinaus wird das Jahresergebnis als Basis für die Bemessung der Einkommensteuer von Kapitalgesellschaften verwendet.

Im vorliegenden Buch wird näher auf die Analyse von Jahresabschlüssen eingegangen, während die speziellen Fragen der Konzernabschlusserstellung nicht näher betrachtet werden.

7 Für weitere Informationen, was ein Konzernabschluss ist und unter welchen Voraussetzungen ein Konzernabschluss in Österreich und Deutschland zu erstellen ist, siehe unter Kapitel 4.2.

8 Vgl § 193 Abs 4 UGB.

9 Vgl § 244 dHGB.

10 Sowohl in Österreich als auch in Deutschland wurden von berufsständischen Organisationen der Wirtschaftsprüfer und Steuerberater Grundätze zur Erstellung von (Jahres-)Abschlüssen festgelegt. Diese sind für Österreich in KFS/RL 26 und für Deutschland in IDW S7 näher erläutert und interpretiert.

Bilanz:[11] Die Bilanz ist eine geordnete Auflistung des vorhandenen Vermögens und der vorhandenen Schulden zu einem bestimmten Stichtag. Das Wesen der Bilanz ist somit eine Stichtagsbetrachtung. Das Vermögen eines Unternehmens wird auf der sogenannten Aktivseite der Bilanz ausgewiesen. Die Schulden werden auf der sogenannten Passivseite einer Bilanz ausgewiesen. Als Residualgröße, dh die Differenz zwischen Vermögen und Schulden eines Unternehmens, verbleibt das Eigenkapital. Die Aktivseite zeigt mit dem Vermögen die Mittelverwendung, während die Passivseite mit dem Kapital die Mittelherkunft präsentiert. Die Bewertung erfolgt typischerweise in der Landeswährung, also im Regelfall für Deutschland und Österreich in Euro.

Die Aktivseite gliedert sich grundsätzlich in Anlagevermögen und Umlaufvermögen. Während das Anlagevermögen zum dauernden Gebrauch im Unternehmen bestimmt ist, ist das Umlaufvermögen für den laufenden Verbrauch im Rahmen der Geschäftstätigkeit bestimmt. Das Umlaufvermögen ist somit kurzfristig im Unternehmen, das Anlagevermögen langfristig. Was lang- oder kurzfristig bedeutet, kann je Branche unterschiedlich sein, in der Regel ist das Umlaufvermögen nicht länger als zwölf Monate im Unternehmen.

Die Passivseite gliedert sich in Eigenkapital und Fremdkapital. Das Fremdkapital wird von unternehmensfremden Kapitalgebern für einen gewissen Zeitraum zur Verfügung gestellt und ist zurückzuzahlen. Demgegenüber steht das Eigenkapital dem Unternehmen grundsätzlich dauerhaft zur Verfügung. Es muss nicht zurückgezahlt werden.

Nach dem Prinzip der doppelten Buchhaltung müssen beide Seiten der Bilanz ausgeglichen sein. Das bedeutet, die Summe der Aktivseite entspricht der Summe der Passivseite.

Gewinn- und Verlustrechnung:[12] Die Gewinn- und Verlustrechnung zeigt geordnet die Veränderung des Bilanzvermögens im Zeitraum zwischen den Bilanzstichtagen, also – außer in Ausnahmefällen – für ein Jahr. Die Gewinn- und Verlustrechnung ist somit eine Periodenrechnung. Die Bewertung erfolgt ebenfalls in der jeweiligen Landeswährung. Die Gewinn- und Verlustrechnung fasst somit die Erträge und Aufwendungen zwischen zwei Bilanzstichtagen zusammen und gliedert sie in Posten.

Anhang:[13] Der Anhang enthält zusätzliche Informationen sowohl quantitativer als auch qualitativer Natur, die dazu dienen sollen, die einzelnen Posten der Bilanz und der Gewinn- und Verlustrechnung zu erläutern, die Verständlichkeit des Abschlusses zu erhöhen und die Vergleichbarkeit von Abschlüssen zu erleichtern. Die geforderten Informationen des Anhangs variieren je nach Größe und Rechnungslegungsstandard. Wie bereits für die Prüfung von Unternehmen bestehen auch beim Anhang sowohl nach deutschem HGB als auch nach österreichischem UGB wesentliche Erleichterungen für kleinere Unternehmen.

11 Die Bilanz wird im Englischen häufig als Balance Sheet oder Statement of Financial Position bezeichnet. Zu den ausführlichen Inhalten einer Bilanz siehe Erläuterungen in Kapitel 2.6. für Österreich, Kapitel 3.5. für Deutschland, Kapitel 4.6.1. für IFRS.

12 Die GuV wird im Englischen häufig als Income Statement, Profit and Loss Account oder Statement of Profit or Loss bezeichnet. Zu den ausführlichen Inhalten einer GuV siehe Erläuterungen in Kapitel 2.7. für Österreich, Kapitel 3.6. für Deutschland, Kapitel 4.6.2. für IFRS.

13 Der Anhang wird im Englischen als Notes bezeichnet.

Cashflowrechnung oder Kapitalflussrechnung:[14] Die Cashflowrechnung soll Aufschluss darüber geben, wie das Unternehmen im vergangenen Berichtszeitraum Zahlungsmittel erwirtschaftet hat und wofür das Unternehmen Zahlungsmittel verwendet hat. Sie zeigt in geordneter Form die Veränderung des Liquiditätsbestands zwischen den Bilanzstichtagen. Dabei wird unterschieden, welche Geldmittel im Unternehmen durch die betriebliche Tätigkeit, welche durch die Investitionstätigkeit und welche durch die Finanzierungstätigkeit erzielt oder verwendet wurden. Die Cashflowrechnung fasst die Einzahlungen und Auszahlungen geordnet zusammen. Eine Cashflowrechnung ist grundsätzlich ein verpflichtender Bestandteil eines Konzernabschlusses.[15] Im Jahresabschluss besteht grundsätzlich keine Verpflichtung, eine gesamte Cashflowrechnung abzubilden, wobei jedoch im Lagebericht über Teilaspekte zu berichten ist.

Eigenkapitalveränderungsrechnung:[16] Die Eigenkapitalveränderungsrechnung, auch Eigenkapitalspiegel genannt, zeigt die Veränderung der einzelnen Bestandteile des Eigenkapitals. Dabei werden Transaktionen mit Bezug zu den Eigenkapitalgebern detailliert dargestellt. Wie auch die Cashflowrechnung ist eine Kapitalflussrechnung ein verpflichtender Bestandteil eines Konzernabschlusses.[17]

Lagebericht:[18] Der Lagebericht soll einen Einblick in die Lage des Unternehmens geben. Er ist nicht Teil des Jahresabschlusses, gesetzlich in Österreich und Deutschland aber ab einer gewissen Unternehmensgröße verpflichtend. Auch international ist ein Lagebericht, meist als Directors' Report oder Management Report bezeichnet, üblich. Die einzelnen Bestandteile des Lageberichts sind in Deutschland und Österreich gesetzlich geregelt. Für die Zwecke der Bilanzanalyse ist insbesondere der Vergleich zwischen den Ergebnissen der Bilanzanalyse und den Ausführungen der Geschäftsleitung von Interesse. Insbesondere aus den Pflichtbestanteilen des Lageberichts,[19] in denen über den Geschäftsverlauf und die wirtschaftliche Entwicklung sowie über voraussichtliche Entwicklung und wesentlicher Chancen und Risiken zu berichten ist, können wichtige Informationen zur Jahresabschlussanalyse gewonnen werden.

1.6. Grundbegriffe

Zum besseren Verständnis einer Jahresabschlussanalyse ist Wissen hinsichtlich der exakten Abgrenzung von relevanten Begriffen notwendig. Diese werden im Folgenden näher erläutert.

Einzahlungen und Auszahlungen: Einzahlungen sind Zahlungsvorgänge, bei denen Geldmittel dem Unternehmen zufließen. Analog hierzu sind Auszahlungen ebenso Zahlungsvorgänge, bei denen Geldmittel vom Unternehmen abfließen.

14 Zu den ausführlichen Inhalten einer Cashflowrechnung, im Englischen auch als Statement of Cash Flows bezeichnet, in deutschsprachigen Abschlüssen auch Kapitalflussrechnung bezeichnet, siehe Erläuterungen in Kapitel 7.2.

15 Vgl § 250 Abs 1 UGB, § 297 Abs 1 dHGB.

16 Die Eigenkapitalveränderungsrechnung wird im Englischen als Statement of Changes in Equity bezeichnet.

17 Vgl § 250 Abs 1 UGB, § 297 Abs 1 dHGB.

18 Der Lagebericht wird im Englischen häufig als Management Report bezeichnet.

19 Vgl § 243 UGB, § 289 dHGB.

Einnahmen und Ausgaben: Einnahmen sind die Summe aus Einzahlungen, Forderungszunahmen und Schuldenabnahmen. Analog hierzu sind Ausgaben die Summe aus Auszahlungen, Schuldenzunahmen und Forderungsabnahmen.

Erträge und Aufwendungen: Erträge sind Werterhöhungen des Nettovermögens eines Unternehmens. Entsprechend hierzu stellen Aufwendungen eine Verminderung des Nettovermögens eines Unternehmens dar. Das Nettovermögen entspricht der Differenz zwischen Vermögen und Schulden und entspricht daher dem Eigenkapital des Unternehmens. Deshalb spricht man auch bei Erträgen und Aufwendungen von erfolgswirksamen Geschäftsvorfällen. Erträge und Aufwendungen sind Begriffe des externen Rechnungswesens, der Finanzbuchhaltung und werden geordnet in der Gewinn- und Verlustrechnung für eine Periode präsentiert.

Leistungen und Kosten: Leistungen und Kosten sind Rechengrößen im internen Rechnungswesen. Die Kosten- und Leistungsrechnung ist eine interne, betriebszweckbezogene Rechnung, in der nur der Teil des Leistungsprozesses eines Unternehmens zahlenmäßig erfasst wird, der mit dem eigentlichen Betriebszweck zusammenhängt. Die Kosten- und Leistungsrechnung ermittelt aus Werteverbrauch (Kosten) und Wertezuwachs (Leistungen) den Betriebserfolg.[20] Kosten sind bewerteter, sachzielbezogener Güterverzehr einer Periode, während Leistungen bewertete, sachzielbezogene Gütererstellung einer Periode darstellen.[21]

Abschlussprüfung: Jahresabschluss und Lagebericht von Kapitalgesellschaften sind grundsätzlich durch einen Abschlussprüfer zu prüfen.[22] Siehe dazu auch zum Punkt Vergleichbarkeit in Kapitel 1.4. Der Abschlussprüfer berichtet im Bestätigungsvermerk darüber, ob der Jahresabschluss bzw Konzernabschluss den gesetzlichen Vorschriften entspricht und ein möglichst getreues Bild der Vermögens-, Finanz- und Ertragslage der Gesellschaft in Übereinstimmung mit den jeweiligen Landesbestimmungen vermittelt. Auch über den Lagebericht wird eine Aussage getroffen, ob er nach den geltenden rechtlichen Anforderungen aufgestellt wurde.

1.7. Exkurs: Zusammenhang der Bilanz und Gewinn- und Verlustrechnung

Um Jahresabschlüsse analysieren zu können, ist ein Grundverständnis der doppelten Buchhaltung unumgänglich. Die folgende Grafik zeigt im Überblick die Systematik der Erfassung von Geschäftsfällen, Vermögensgegenständen und Verbindlichkeiten in der Bilanz sowie der Gewinn- und Verlustrechnung:

20 Vgl *Mumm* (2020) 2.

21 Vgl *Wagenhofer* (2019) 24.

22 Vgl § 268 Abs 1 UGB: Kleine Kapitalgesellschaften sind von der Prüfungspflicht ausgenommen, außer sie müssen aufgrund gesetzlicher Bestimmungen einen Aufsichtsrat bestellen.
Vgl § 267 dHGB: Kleine Kapitalgesellschaften sind in der Regel ebenso von der Prüfungspflicht befreit.

	SOLL Mittelverwendung (Wohin?)	**HABEN** Mittelherkunft (Woher?)
Bilanz Bestandskonten	Anlagevermögen Umlaufvermögen	Eigenkapital Fremdkapital
GuV Erfolgskonten	Aufwand	Ertrag

Abb 2: Darstellung Soll/Haben

Die folgende Grafik zeigt einen Überblick des Abschlusses der Gewinn- und Verlustrechnung in den Bilanzgewinn.

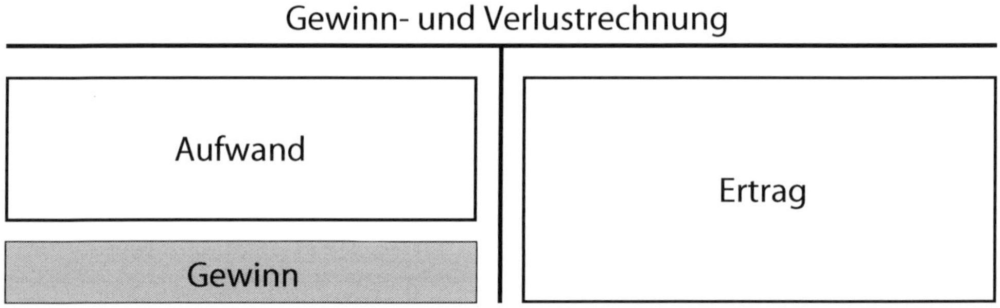

Gewinn- und Verlustrechnung

Aufwand	Ertrag
Gewinn	

Sind die Erträge eines Jahres höher als die Aufwendungen, entsteht ein Gewinn. Dieser wird bei Abschluss der Konten der Gewinn- und Verlustrechnung im SOLL dargestellt.

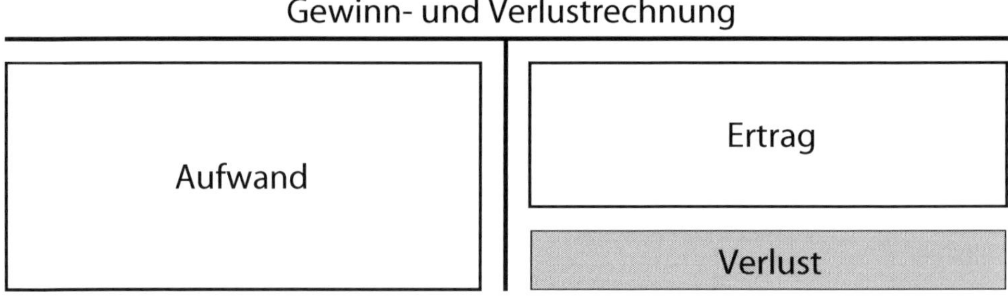

Abb 3: Abschluss der Gewinn- und Verlustrechnung

Sind die Aufwendungen eines Jahres höher als die Erträge, entsteht ein Verlust. Dieser wird im HABEN dargestellt.

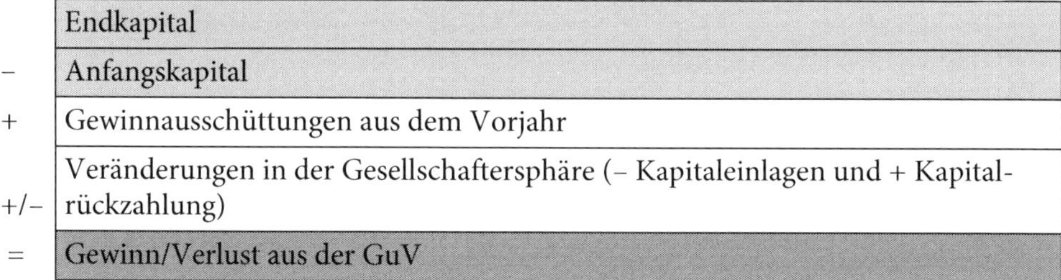

	Endkapital
–	Anfangskapital
+	Gewinnausschüttungen aus dem Vorjahr
+/–	Veränderungen in der Gesellschaftersphäre (– Kapitaleinlagen und + Kapitalrückzahlung)
=	Gewinn/Verlust aus der GuV

Der Gewinn bzw Verlust des Jahres wird am Jahresende ins Eigenkapital, konkret in den Bilanzgewinn, umgebucht. Ist die Summe der kumulierten Verluste negativ, ergibt sich ein Bilanzverlust. Addiert man zum Eigenkapital am Beginn der Periode den Gewinn oder Verlust, korrigiert um Kapitaleinzahlungen oder Kapitalrückzahlungen an die Eigentümer und korrigiert um Gewinnausschüttungen, erhält man als Ergebnis das Eigenkapital am Ende des Jahres.

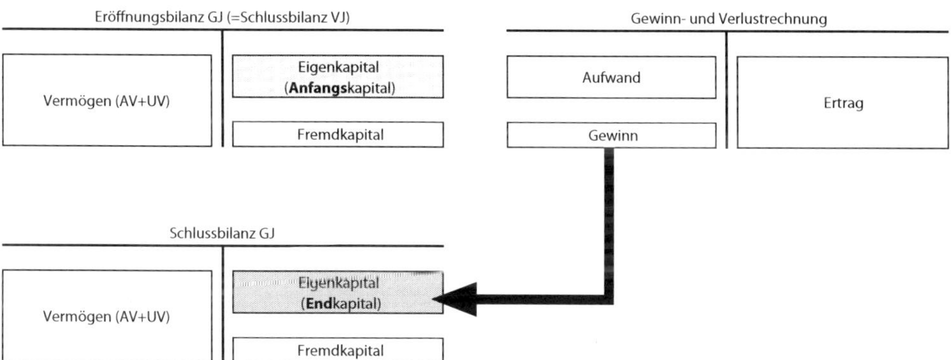

Abb 4: Buchung des Gewinns in das Eigenkapital

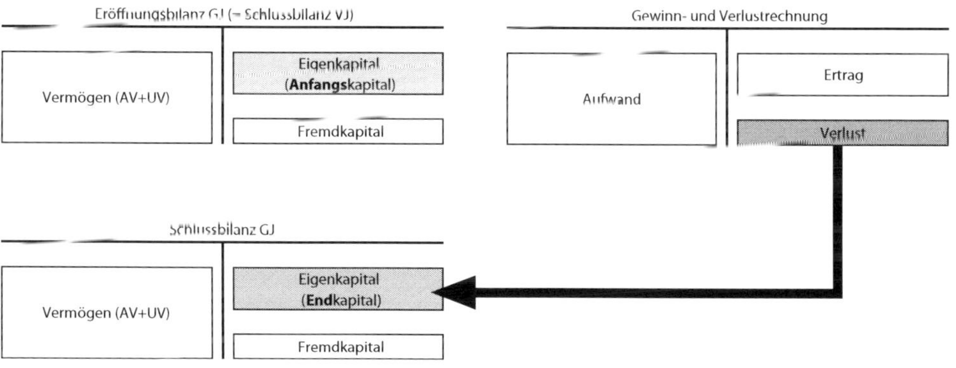

Abb 5: Buchung des Verlusts in das Eigenkapital

Im Folgenden wird die Auswirkung der Erfassung einiger grundlegender Geschäftsfälle auf Bilanz, Gewinn- und Verlustrechnung sowie Kapitalflussrechnung dargestellt:

	WAS	SOLL GuV	HABEN GuV	SOLL Bilanz	HABEN Bilanz	ZMK/ CF
Erfolgsneutral	**Aktivtausch**					
	Kauf von Anlagevermögen (bar)			▲ Anlagevermögen	▼ ZMK	▼
	Kauf von Umlaufvermögen (bar)			▲ Umlaufvermögen	▼ ZMK	▼
	Zahlungseingang einer offenen Forderung			▲ ZMK	▼ Forderungen	▲
	Passivtausch					
	Begleichen von Verbindlichkeiten mithilfe eines Bankkredits			▼ Verbindlichkeiten	▲ Bankkredit	–
	Erfassung von Dividendenverbindlichkeiten			▼ Eigenkapital	▲ Verbindlichkeiten	–
	Bilanzverlängerung					
	Kauf von Anlagevermögen (auf Ziel)			▲ Anlagevermögen	▲ Verbindlichkeiten	–
	Kauf von Umlaufvermögen (auf Ziel)			▲ Umlaufvermögen	▲ Verbindlichkeiten	–
	Bilanzverkürzung					
	Barzahlung von Verbindlichkeiten			▼ Verbindlichkeiten	▼ ZMK	▼
	Dividendenzahlung			▼ Eigenkapital	▼ ZMK	▼
Erfolgswirksam	**Vermögensvermehrender Ertrag**					
	Umsatzerlöse (bar)		▲ Umsatzerlöse	▲ ZMK		▲
	Umsatzerlöse (auf Ziel)		▲ Umsatzerlöse	▲ Forderungen		–
	Aktivierung von selbsterstelltem Anlagevermögen		▲ aktivierte Eigenleistung	▲ Anlagevermögen		–
	Erhöhung des Bestands an selbsterstellten Vorräten		▲ Bestandsveränderung	▲ (Halb-)Fertigwaren		–
	Schuldenmindernder Ertrag					
	Nachlass von Verbindlichkeiten		▲ Erlös	▼ Verbindlichkeiten		–
	Auflösung von Rückstellungen		▲ Ertrag	▼ Rückstellungen		–
	Vermögensmindernder Aufwand					
	Abschreibung des Anlagevemögens	▲ Abschreibung			▼ Anlagevermögen	-
	Abschreibung von Umlaufvermögen (zB Wertberichtigung von Forderungen)	▲ Aufwand			▼ Umlaufvermögen	-
	Wareneinsatz (Abgang von Handelswaren)	▲ Wareneinsatz (Materialaufwand)			▼ Vorräte	–
	Bezahlung von Spesen (zB Reisekosten)	▲ Aufwand			▼ ZMK	▼
	Schuldenerhöhender Aufwand					
	Erfassung von Rückstellungen	▲ Aufwand			▲ Rückstellungen	–
	Erfassung von Aufwendungen gegen Verbindlichkeiten (zB Lohn- und Gehaltzahlungen)	▲ Aufwand			▲ Verbindlichkeiten	–

▲	Posten steigt
▼	Posten sinkt
–	Posten bleibt gleich
ZMK	Zahlungsmittelkonto
CF	Cashflow

Tab 2: Übersicht der Erfassung häufiger Geschäftsfälle in der doppelten Buchhaltung

In der doppelten Buchhaltung gilt, dass der Kauf von Vermögensgegenständen nicht aufwandswirksam ist. Dies gilt gleichermaßen für Anlagevermögen, wie für Umlaufvermögen. Wird Anlage- oder Umlaufvermögen erworben, führt dies zu keinem Aufwand in der Gewinn- und Verlustrechnung. Es erfolgt entweder ein Aktivtausch zwischen dem Zahlungsmittelkonto und dem Anlage- oder Umlaufvermögen, oder eine Bilanzverlängerung durch den Anstieg der Verbindlichkeiten und dem Anlage- oder Umlaufvermögen. Erst der Verbrauch der Vermögensgegenstände – im Falle von Anlagevermögen die Abschreibung oder der Verkauf, im Falle von Umlaufvermögen der Verkauf oder die Wertberichtigung – führt zu einem Aufwand in der Gewinn- und Verlustrechnung. Der Kauf oder Verkauf von Vermögensgegenständen gegen Zahlungsmittel ist zahlungswirksam. Der Kauf oder Verkauf auf Ziel ist nicht zahlungswirksam. Die Tilgung von Verbindlichkeiten durch Zahlungsmittel führt zu einer Bilanzverkürzung, indem die Verbindlichkeiten und das ZMK sinken.

In der oben angeführten Abbildung der Auswirkung grundlegender Geschäftsfälle wurde die Umsatzsteuer noch nicht berücksichtigt. Wird diese in der Betrachtung noch ergänzt, so entsteht bei einem umsatzsteuerbaren Umsatz eine Verbindlichkeit gegenüber den Finanzbehörden. Die Umsatzsteuer ist auch in der Forderung aus Lieferungen und Leistungen auf der Aktivseite enthalten und muss durch den Kunden an das Unternehmen bezahlt werden. Das Unternehmen führt die Umsatzsteuer an die Finanzbehörden ab. Für das Unternehmen ist die Umsatzsteuer somit in der Regel erfolgsneutral. Die Gewinn- und Verlustrechnung wird durch die Umsatzsteuer daher in der Regel nicht beeinflusst.

Beim umsatzsteuerbaren Kauf von Gegenständen des Anlage- oder Umlaufvermögens oder beim Bezug von Dienstleistungen entsteht auf der Aktivseite eine Forderung gegenüber den Finanzbehörden, wenn das Unternehmen zum Vorsteuerabzug berechtigt ist. Die Umsatzsteuer ist in dem Fall auch in der Verbindlichkeit aus Lieferungen und Leistungen an den Lieferanten enthalten und muss an diesen bezahlt werden. Ist das Unternehmen zum Vorsteuerabzug berechtigt, so ist die Umsatzsteuer erfolgsneutral. Die Gewinn- und Verlustrechnung des Unternehmens, das zum Vorsteuerabzug berechtigt ist, wird durch die Umsatzsteuer in der Regel somit nicht beeinflusst.

2. Der Jahresabschluss nach dem österreichischen Unternehmensgesetzbuch

Die gesetzliche Regelung für die Erstellung des Jahresabschlusses in Österreich umfasst vorrangig Grundsätze und Prinzipien. Die österreichischen Rechnungslegungsnormen sind im Unternehmensgesetzbuch (UGB) geregelt. In der Auslegung bleibt Raum für Interpretation. Zur Hilfestellung in der Interpretation stehen unterstützende Institutionen zur Verfügung. Die Gliederung der Bilanz und der Gewinn-und Verlustrechnung ist gesetzlich sehr eindeutig festgelegt.

2.1. Rechnungslegungspflicht nach UGB in Österreich

Rechnungslegungspflicht nach § 189 UGB	
• immer	**Kapitalgesellschaften** (zB GmbH, AG, SE) und **kapitalistische Personengesellschaften**, bei denen keine natürliche Person unbeschränkt haftet, wobei eine Kapitalgesellschaft (zB GmbH & Co KG, AG & Co KG, SE & Co KG) unbeschränkt haftet
• nur wenn unternehmerisch tätig	**Personengesellschaften**, bei denen **keine natürliche Person unbeschränkt haftet** (zB Genossenschaft & Co KG)
• wenn erzielte Umsatzerlöse in zwei aufeinanderfolgenden Jahren höher als EUR 700.000 sind und das Unternehmen unternehmerisch tätig ist, nach dem Ablauf eines Pufferjahres ab dem drittfolgenden Jahr. • wenn erzielte Umsatzerlöse in einem Geschäftsjahr > EUR 1.000.000, ab der folgenden Periode, ohne Pufferjahr	andere Unternehmen (zB Einzelunternehmer und Personengesellschaften)
• keinesfalls Rechnungslegungspflicht nach UGB	Angehörige der **freien Berufe, Land- und Forstwirte**, Einnahmen-Ausgaben-Rechner nach § 2 Abs 4 EStG

Tab 3: Rechnungslegungspflicht in Österreich

Die Rechnungslegungspflicht in Österreich ist in § 189 UGB wie folgt geregelt:

- Rechnungslegungspflicht kraft Rechtsform (§ 189 Abs 1 Z 1 UGB)
- Rechnungslegungspflicht durch das Überschreiten von Umsatzgrenzen (§ 189 Abs 1 Z 3 UGB)
- Keine Rechnungslegungspflicht (§ 189 Abs 4 UGB)

Von der Rechnungslegungspflicht kraft Rechtsform sind alle Kapitalgesellschaften und alle verdeckten Kapitalgesellschaften betroffen. Andere Unternehmer unterliegen der Rechnungslegungspflicht, wenn das Unternehmen mehr als 700.000 € Umsatzerlöse im Geschäftsjahr erzielt.[23] Bestimmte Berufsgruppen sind von der Rechnungslegungspflicht befreit.

Die Rechnungslegungspflicht nach UGB hat auch Auswirkungen auf die steuerliche Gewinnermittlung in Österreich. Nach § 5 Abs 1 EStG ist der Gewinn von Unternehmen, die der Rechnungslegungspflicht nach UGB unterliegen und Einkünfte aus Gewerbebetrieb beziehen, grundsätzlich nach den Bestimmungen des UGB zu berechnen. Darüber hinaus bestehen jedoch spezifische steuerrechtliche Regelungen zur Ermittlung der Einkommens-Bemessungsgrundlage, um einerseits handelsrechtliche Gestaltungsspielräume zu schließen oder auch steuerpolitische Interessen zu verfolgen. Dies wird als Maßgeblichkeitsprinzip bzw Maßgeblichkeitsgrundsatz bezeichnet.

Das österreichische Recht bietet kleineren Unternehmen Erleichterungen. Die Größenklassifizierung ist in § 221 UGB normiert. Grundsätzlich gibt es vier verschiedene Größenklassen:

- Kleinst-Kapitalgesellschaft
- Kleine Kapitalgesellschaft
- Mittelgroße Kapitalgesellschaft
- Große Kapitalgesellschaft

Die Einordnung der Größe erfolgt auf Basis der Bilanzsumme, der Umsatzerlöse und der Anzahl der Arbeitnehmer im Jahresdurchschnitt.

Folgende Tabelle liefert eine Übersicht zu den Größenklassen:

Klassifizierung	**Bilanzsumme (Mio EUR)**	**Umsatzerlöse (Mio EUR)**	**Arbeitnehmer**
Kleinst	bis 0,35	bis 0,7	bis 10
Klein	bis 5	bis 10	bis 50
Mittel	bis 20	bis 40	bis 250
Groß	oberhalb	oberhalb	oberhalb

Tab 4: Größenklassen in Österreich

Werden zwei der drei Merkmale nicht überschritten, so liegt jeweils die kleinere Größenklasse vor. Die Rechtsfolgen der Größenmerkmale (§ 221 Abs 1 bis 3 erster Satz UGB) treten grundsätzlich ab dem folgenden Geschäftsjahr ein, wenn diese Merkmale an den Abschlussstichtagen von zwei aufeinanderfolgenden Geschäftsjahren überschritten bzw nicht mehr überschritten werden.[24]

23 Bei Einem Rumpfgeschäftsjahr ist der aliquote Anteil des Schwellenwerts heranzuziehen. Hinsichtlich der Umsatzerlöse ist die Legaldefinition nach § 189a Z 5 UGB heranzuziehen.

24 Vgl § 221 Abs 4 UGB.
Im Falle der Neugründung und Umgründung außer bei einer rechtsformwechselnden Umwandlung treten die Rechtsfolgen bereits ein, wenn die Größenmerkmale am ersten Abschlussstichtag nach der Neugründung oder Umgründung vorliegen. Das gilt auch bei der Aufgabe eines Betriebes oder eines Teilbetriebes, wenn die Größenmerkmale um mindestens die Hälfte unterschritten werden.

Besondere Vorschriften herrschen für Unternehmen von öffentlichem Interesse. Dies sind unter anderem Unternehmen, deren übertragbare Wertpapiere zum Handel an einem geregelten Markt eines Mitgliedstaats der EU oder des EWR zugelassen sind („börsennotierte Unternehmen"), alle Kreditinstitute gemäß BWG, alle Versicherungen gemäß VAG. Gemäß § 221 Abs 3 UGB gilt eine Kapitalgesellschaft stets als groß, wenn es sich um ein Unternehmen von öffentlichem Interesse handelt. Darüber hinaus bestehen in Österreich Sondergesetze, welche Rechnungslegungsvorschriften für Unternehmen definieren, wie etwa für Privatstiftungen, Banken und Versicherungen.

Folgende Tabelle gibt einen Überblick, wann welche Teile des Jahresabschlusses bzw ein Lagebericht zu erstellen sind:

Gesellschaftsform	Bilanz	GuV	Anhang	Lagebericht
Kleinst-GmbH	Ja	Ja	Nein	Nein
Kleinst-AG	Ja	Ja	Nein	Ja
Kleine GmbH	Ja	Ja	Verkürzt	Nein
Kleine AG	Ja	Ja	Verkürzt	Ja
Mittelgroße GmbH	Ja	Ja	Verkürzt	Ja
Mittelgroße AG	Ja	Ja	Ja	Ja
Große GmbH	Ja	Ja	Ja	Ja
Große AG	Ja	Ja	Ja	Ja
Sonstige rechnungslegungspflichtige Unternehmen (zB Einzelunternehmen)	Ja	Ja	Nein	Nein

Tab 5: Bestandteile des Jahresabschlusses und Pflicht zum Aufstellen eines Lageberichts nach Größenklassen in Österreich

Neben dem Jahresabschluss bestehen weitere Veröffentlichungspflichten insbesondere für an der Börse notierte Unternehmen (Jahresfinanzbericht, Halbjahresfinanzbericht wie in §§ 119 ff BörseG geregelt, Corporate-Governance-Bericht, ggf Bericht über Zahlungen an staatliche Stellen). Darüber hinaus müssen Unternehmen ab einer gewissen Größenordnung über nichtfinanzielle Sachverhalte berichten.[25]

2.2. Offenlegungspflichten in Österreich

Die Offenlegung im Firmenbuch ist für Jahresabschlüsse von Kapitalgesellschaften verpflichtend, die das Dritte Buch des UGB anzuwenden haben, also rechnungslegungspflichtig sind. Die Art und der Umfang der Offenlegung hängen von der Größenklasse gemäß § 221 UGB und von der Rechtsform des Unternehmens ab.

25 Siehe dazu Corporate Sustainability Reporting Directive für Berichtspflichten im Rahmen der Nachhaltigkeitsberichterstattung.

Die folgende Tabelle liefert hierzu eine Übersicht:

	KleinstKapGes	**kleine GmbH**	**mittelgroße GmbH**	**große GmbH, kleine und mittelgroße AG**	**große AG**
Bilanz	Ja*	Ja*	Ja*	Ja (bei AG*)	Ja
GuV	Nein	Nein	Ja*	Ja (bei AG*)	Ja
Anhang und Anlagenverzeichnis	Nein	Ja	Ja	Ja	Ja
Lagebericht	Nein (nur bei einer Kleinst-AG)	Nein	Ja	Ja	Ja
Bestätigungsvermerk	Ja (bei einer gesetzlichen Pflichtprüfung)	Ja (bei einer gesetzlichen Pflichtprüfung)	Ja	Ja	Ja
Umlauf- bzw Gesellschafterbeschluss über die Ergebnisverwendung	Nein	Nein	Ja	Ja	Ja
Bericht des Aufsichtsrats	Nein	Nein	Ja (sofern AR besteht)	Ja (bei GmbH: sofern AR besteht)	Ja
* verkürzte Darstellung möglich, dh: minimale bzw wesentliche Kürzungen in der Bilanz möglich. In der GuV kann ein „Rohergebnis“ ausgewiesen werden (vgl § 279 UGB).					

Tab 6: Offenlegungspflicht des Jahresabschlusses und des Lageberichts in Österreich

2.3. Digitalisierung der Offenlegung von Finanzberichten

Seit 1.7.2022 hat die Einreichung von Jahresabschlüssen und den anderen einzureichenden Unterlagen grundsätzlich in strukturierter Form im xml-Format oder im Falle von Jahresfinanzberichten kapitalmarktnotierter Unternehmen im xbrl-Format („ESEF-Format“) zu erfolgen.[26]

Aufgrund der Verordnung (EU) 2019/815 sind seit dem 1.1.2020 kapitalmarktorientierte und bestimmte andere Unternehmen in Europa dazu verpflichtet, ihre Finanzberichte bei der European Securities and Markets Authority (ESMA) im European Single Electronic Format (ESEF) einzureichen.[27] Ein Ziel der Verordnung (EU) 2019/815 war eine verbesserte Informationsverarbeitung durch erweiterte Standardisierung. Hiervon kann die Bilanzanalyse profitieren, da eine Automatisierung von Analysen vereinfacht wird.

26 Vgl § 12 ERV.
27 Vgl § 150 BörseG.

2.4. Wie ist die Erstellung gemäß UGB geregelt?

Die Erstellung eines Jahresabschlusses gemäß UGB ist gesetzlich im Dritten Buch des UGB in den §§ 189 bis 285 geregelt. Vergleicht man den Umfang der Regelungen mit IFRS, wird sofort ersichtlich, dass das Unternehmensgesetzbuch vergleichsweise mit wenigen Regelungen auskommt. Vielfach ist eine Gesetzesinterpretation notwendig. Zur Unterstützung der Bilanzierenden gibt es in Österreich Institutionen, die sich mit der Erstellung von Richtlinien und Interpretationen spezieller Sachverhalte befassen. Diese gelten als Fachmeinungen, die aber keinen gesetzlich bindenden Charakter haben. Eine Abweichung sollte durch Bilanzierende dennoch gut begründet werden, da es als Indiz einer fehlerhaften Bilanzierung gewertet werden kann. Die folgende Auflistung zeigt die wichtigsten österreichischen Institutionen. Die Richtlinien und Interpretationen sind online zum Download erhältlich.

- Austrian Financial Reporting and Auditing Committee: https://www.afrac.at
- Institut Österreichischer Wirtschaftsprüfer (IWP): https://www.iwp.or.at
- Kammer der Steuerberater und Wirtschaftsprüfer (KSW): https://www.ksw.or.at

Als weiteres Instrumentarium in der Praxis sind die einschlägigen Gesetzeskommentare zu nennen, die geordnet nach Paragrafen die gesetzlichen Regelungen auslegen. Folgende Kommentare sind in der Praxis von Bedeutung:

- *Hirschler* (Hrsg), Bilanzrecht. Band I: Einzelabschluss, 2. Auflage 2019; Band II: Konzernabschluss, 2. Auflage 2021, Linde Verlag
- *Straube/Ratka/Rauter* (Hrsg), Wiener Kommentar zum Unternehmensgesetzbuch. 4. Auflage 2022, Manz
- *Torggler* (Hrsg), UGB – Unternehmensgesetzbuch. 3. Auflage 2019, Linde Verlag

Schließlich gibt es eine Vielzahl einschlägiger Fachzeitschriften, die sich mit der Bilanzierung nach dem Unternehmensgesetzbuch auseinandersetzen.

- SWK, Steuer- und Wirtschaftskartei, Linde Verlag
- RWZ, Recht und Rechnungswesen, Lexis Nexis
- RWP, Rechnungswesen für die Praxis, Lexis Nexis

In der Praxis gilt: Bei Zweifelsfragen sollte auf die einschlägigen Kommentare oder die Literatur zurückgegriffen werden. Eine Bilanzierung entgegen den Fachmeinungen sollte nur vorgenommen werden, wenn es ernstzunehmende Literaturmeinungen gibt, die sich ebenfalls für eine solche Bilanzierung aussprechen. Um Gesetzeskonformität zu erzielen, ist es in der Regel nicht notwendig, sich der Mehrheit anzuschließen. Bestehen für einen neuartigen Sachverhalt noch keine Bilanzierungsregeln, steht es dem Bilanzierenden frei, das Gesetz selbstständig zu interpretieren, wobei dies in der Praxis seltener der Fall ist. Für die Zwecke der Bilanzanalyse führt die Interpretation jedenfalls zu den unter Kapitel 1.4. dargestellten Problemen der Vergleichbarkeit.

2.5. Grundsätze der Buchführung gemäß UGB

Das Unternehmensgesetzbuch nimmt in mehreren Paragrafen Bezug auf die „*Grundsätze ordnungsmäßiger Buchführung*". Diese werden auch gesetzlich näher spezifiziert.

Grundsatz	Gesetzliche Regelung
Generalnorm	§ 195 UGB
Grundsatz der Bilanzwahrheit	§ 190 Abs 3, § 196 Abs 1 UGB § 196a UGB § 201 Abs 2 Z 7 UGB
Grundsatz der Bilanzklarheit	§ 195 UGB § 196 Abs 2 UGB
Grundsatz der Vollständigkeit	§ 196 Abs 1 UGB
Grundsatz der Bilanzkontinuität (Grundsatz der Stetigkeit)	§ 202 Abs 2 Z 1 UGB § 223 Abs 1 UGB
Grundsatz der Bilanzidentität	§ 201 Abs 2 Z 6 UGB
Grundsatz der Vorsicht	§ 201 Abs 2 Z 4 UGB
Stichtagsprinzip	§§ 191 Abs 1 und 2 UGB § 193 UGB
Going-Concern-Prinzip	§ 201 Abs 2 Z 2 UGB
Grundsatz der Einzelbewertung	§ 201 Abs 2 Z 3 UGB
Grundsatz der Periodenabgrenzung	§ 196 UGB § 198 Abs 5 und 6 UGB § 201 UGB
Grundsatz der verlässlichen Schätzung	§ 201 Abs 2 Z 7 UGB
Prinzip der Wesentlichkeit	§ 198 Abs 8 Z 3 UGB

Tab 7: Grundsätze der Buchführung gemäß UGB

Für die Bilanzanalyse sind aus unserer Sicht insbesondere die folgenden Prinzipien von Bedeutung:[28] Über den Grundsätzen der ordnungsgemäßen Buchführung steht die Generalnorm.

2.5.1. Generalnorm

Der Jahresabschluss hat den Grundsätzen ordnungsmäßiger Buchführung zu entsprechen. Er ist klar und übersichtlich aufzustellen. Er hat dem Unternehmer ein möglichst getreues Bild der Vermögens- und Ertragslage des Unternehmens zu vermitteln.[29]

28 Vgl für die Darstellung der GoB *Bertl/Deutsch-Goldoni/Hirschler* (2019) 351 ff; *Nowotny* in *Straube/Ratka/Rauter* (2022) § 195 ff UGB.

29 Vgl § 195 Satz 3 UGB.

2.5.2. Grundsatz der Bilanzwahrheit

Der Grundsatz der Bilanzwahrheit zielt auf die materielle bzw inhaltliche Richtigkeit und der Willlkürfreiheit des Jahresabschlusses ab. Ein Jahresabschluss ist materiell bzw inhaltlich richtig, wenn die Abbildung des wirtschaftlichen Sachverhalts den normativen Anforderungen entspricht. Das bedeutet, dass die Darstellung der Posten und der Ausweis des Ergebnisses normenkonform ist. Eine Grundvoraussetzung für die korrekte Bilanzierung ist die Richtigkeit der vorgelagerten Buchhaltung. Eine Bilanzierung ist immer dann willkürfrei, wenn sie objektiv durch einen Dritten nachvollziehbar und nachprüfbar ist. Die Posten des Jahresabschlusses sind unter Berücksichtigung des wirtschaftlichen Gehalts der betreffenden Geschäftsvorfälle oder der betreffenden Vereinbarungen zu bilanzieren und darzustellen. Man spricht hier auch von „substance over form".

2.5.3. Grundsatz der Bilanzklarheit

Der Grundsatz der Bilanzklarheit sieht eine klare und übersichtliche Darstellung und eine aussagekräftige Gliederung der Vermögens- und Ertragslage vor. Zudem sind die Posten der Bilanz und der GuV aussagekräftig zu bezeichnen und die Posten des Jahresabschlusses sind eindeutig abzugrenzen. Ein weiterer und auch wichtiger Aspekt des Grundsatzes der Bilanzklarheit ist das Bruttoprinzip, da es maßgeblichen Einfluss auf die Bilanzanalyse hat. Für die Zwecke der Bilanzanalyse ist zu beachten, dass nach dem Grundsatz der Bilanzklarheit Posten der Aktivseite der Bilanz nicht mit Posten der Passivseite verrechnet werden dürfen. Aufwandsposten dürfen nicht mit Ertragsposten und Grundstücksrechte nicht mit Grundstückslasten saldiert werden. Für die Bilanzanalyse ist jedoch auch relevant, dass das Bruttoprinzip auch durchbrochen werden kann. Dies kann bei Aufrechnungen oder bei der zulässigen Zusammenfassung von Posten der Bilanz und GuV erfolgen.[30] Hierzu ist jedoch der Anhang um eine Detailaufgliederungen und zugehörige Erläuterungen zu ergänzen.

2.5.4. Grundsatz der Bilanzkontinuität

Die Kontinuität ist sowohl in der Darstellung als auch in der Bewertung zu wahren. Man spricht hierbei von Darstellungs- und von Bewertungsstetigkeit. Die gewählte Darstellung und Zuordnung der Bilanz und der Gewinn- und Verlustrechnung ist im Zeitablauf ebenso beizubehalten wie die angewandten Bewertungsmethoden. Kommt es dennoch zu Änderungen, um die Darstellung der Vermögens-, Finanz- und Ertragslage zu verbessern, sind diese im Anhang offenzulegen.[31]

2.5.5. Grundsatz der Bilanzidentität

Die Eröffnungsbilanz des Geschäftsjahres muss mit der Schlussbilanz des vorhergehenden Geschäftsjahres übereinstimmen. Dieser Grundsatz ist für die Erstellung von Zeitreihenanalysen im Rahmen der Bilanzanalyse von wesentlicher Bedeutung.

30 Vgl § 223 Abs 6 UGB.
31 Vgl § 237 Abs 1 UGB.

2.5.6. Grundsatz der Bilanzvorsicht

Der Grundsatz der Vorsicht umfasst vier wesentliche Gesichtspunkte. Diese sind:

2.5.6.1. Realisationsprinzip (§ 201 Abs 2 Z 4a UGB)

Nach dem Grundsatz der Vorsicht dürfen insbesondere nur die bis zum Abschlussstichtag verwirklichten Gewinne ausgewiesen werden.

2.5.6.2. Imparitätsprinzip (§ 201 Abs 2 Z 4b UGB)

Weiters müssen zukünftig erkennbare Risiken und drohende Verluste, die ihre Verursachung bereits im laufenden Geschäftsjahr oder früheren Geschäftsjahr haben, nach dem Imparitätsprinzip im laufenden Abschluss berücksichtigt werden. Wertminderungen sind unabhängig davon zu erfassen, ob das Geschäftsjahr mit einem Gewinn oder Verlust schließt. Obwohl die Bildung von willkürlichen stillen Reserven durch das Vorsichtsprinzip nicht gedeckt ist, zeigt die Praxis jedoch, dass es oft zur Bildung von erheblichen stillen Reserven und zu einer Glättung von Ergebnissen im Zeitablauf kommt.

2.5.6.3. Niederstwertprinzip (§ 204 Abs 2 UGB, § 207 UGB)

Das Niederstwertprinzip bestimmt, dass Vermögensgegenstände, bei denen am Bilanzstichtag unterschiedliche alternative Wertansätze vorliegen, eine Bewertung mit dem niedrigeren Wert zu erfolgen hat. Im österreichischem Recht ist das Niederstwertprinzip in § 204 Abs 2 UGB und in § 207 UGB normiert. Dabei hat das Niederstwertprinzip eine unterschiedliche Strenge, je nachdem, ob es um die Bewertung von Anlage- oder Umlaufvermögen geht.

Das gemilderte Niederstwertprinzip ist für das Anlagevermögen zu beachten. Dieses besagt, dass der niedrigere Wert aus Buchwert und beizulegendem Wert zum Bilanzstichtag nur bei dauernder Wertminderung angesetzt werden muss.

Das strenge Niederstwertprinzip ist für das Umlaufvermögen zu beachten. Dieses besagt, dass der niedrigere Wert zum Bilanzstichtag bereits bei kurzfristiger Wertminderung angesetzt werden muss.

Beim Finanzanlagevermögen ist ein modifiziert gemildertes Niederstwertprinzip zu befolgen. Bei diesem besteht ein Wahlrecht zur Abschreibung bei lediglich kurzfristigen Wertminderungen.

2.5.6.4. Höchstwertprinzip (§ 211 Abs 1 UGB)

Im österreichischen Recht erfolgt die Bewertung von Verbindlichkeiten nach dem Höchstwertprinzip. Dabei sind Verbindlichkeiten zu ihrem Erfüllungsbetrag zu bewerten. Dabei ist es irrelevant, ob lediglich eine kurzfristige oder eine dauerhafte Werterhöhung vorliegt. Deshalb gibt es handelsrechtlich nur ein strenges Höchstwertprinzip. Eine aufwandswirksame Aufwertung hat immer dann zu erfolgen, wenn der Erfüllungsbetrag kurzfristig oder dauerhaft über dem Buchwert liegt. Ist der Erfüllungsbetrag niedriger als der Buchwert, so liegt ein Abwertungsverbot vor. Grund hierfür ist, dass die Verbindlichkeit niemals unter ihrem Anschaffungswert bewertet werden darf.

2.5.7. Stichtagsprinzip und Periodenabgrenzung

Die **Bilanz** ist auf einen Stichtag aufzustellen. Das bedeutet, dass die Bilanzierung und Bewertung von Vermögensgegenständen und Schulden eines Unternehmens zeitpunktbezogen sind. Die **Gewinn- und Verlustrechnung** bezieht sich im Regelfall auf zwölf Monate. Der Grundsatz der Periodenabgrenzung besagt, dass Aufwendungen und Erträge unabhängig vom Zeitpunkt der Zahlungen im Jahresabschluss zu berücksichtigen sind. Die Periodenzuordnung erfolgt in jenem Geschäftsjahr, in dem Aufwendungen verursacht bzw Erträge realisiert wurden.[32]

Liegen Wertveränderungen vor, die erst nach dem Bilanzstichtag eingetreten sind, so dürfen diese nicht berücksichtigt werden, außer deren Ursache liegt im Berichtszeitraum oder vergangenen Geschäftsjahren. Man spricht in diesem Zusammenhang von werterhellenden Ereignissen. Wertbegründende Ereignisse, die erst nach dem Abschlussstichtag eintreten, sind im Jahresabschluss des abgelaufenen Geschäftsjahres nicht zu berücksichtigen.[33]

Der Bilanzstichtag kann auch vom Kalenderjahr abweichen. Unterschiedliche Stichtage führen tendenziell zu unterschiedlichen Bewertungen und können die Vergleichbarkeit erschweren. Beispielsweise werden in der Praxis die Bestände an Vorräten zum 31.12. in vielen Branchen saisonbedingt deutlich niedriger sein als zu anderen Stichtagen.

2.5.8. Grundsatz der verlässlichen Schätzung

Wenn die Ermittlung eines Werts nur basierend auf Schätzungen möglich ist, so müssen diese Schätzungen auf einer umsichtigen Beurteilung beruhen. Vorliegende betriebsinterne und betriebsexterne statistische Erfahrungswerte aus gleich gelagerten Sachverhalten sind zu berücksichtigen. Die Schätzung hat somit anhand einer anerkannten Methode zu erfolgen.

2.5.9. Wesentlichkeitsgrundsatz

Als wesentlich werden alle Informationen eingestuft, deren Weglassen oder deren fehlerhafte Angabe Entscheidungen beeinflussen kann. Die Wesentlichkeit ist von der Größe oder der spezifischen Eigenschaft des Postens oder der Fehlerhaftigkeit der Angabe abhängig.[34] Zu beachten ist, dass mehrere gleichartige Posten, die einzeln unwesentlich sind, gemeinsam ebenso wesentlich sein können.[35]

2.6. Die Bilanz gemäß UGB

Die Gliederung der Bilanz ist in § 224 UGB geregelt und folgt einem vorgegebenen starren Schema. Eine Durchbrechung dieses Schemas ist nur in Ausnahmefällen zulässig. In der Praxis sind Durchbrechungen nur für detailliertere Unterteilungen oder bei Personengesellschaften üblich. Die Gliederung der Bilanz nach den gesetzlichen Vorschriften des UGB ist in der folgenden Tabelle dargestellt:

32 *Bertl/Deutsch-Goldoni/Hirschler* (2019) 362 ff.
33 Vgl § 201 Abs 2 UGB, AFRAC-Stellungnahme 16.
34 Vgl § 189a Z 10 Satz 2 UGB.
35 Vgl § 189a Z 10 Satz 3 UGB; AFRAC-Stellungnahme 34.

Aktiva	Passiva
A. Anlagevermögen:	A. Eigenkapital:
I. Immaterielle Vermögensgegenstände:	I. eingefordertes Nennkapital (Grund-, Stammkapital);
1. Konzessionen, gewerbliche Schutzrechte und ähnliche Rechte und Vorteile sowie daraus abgeleitete Lizenzen;	II. Kapitalrücklagen:
2. Geschäfts(Firmen)wert;	1. gebundene;
3. geleistete Anzahlungen;	2. nicht gebundene;
II. Sachanlagen:	III. Gewinnrücklagen
1. Grundstücke, grundstücksgleiche Rechte und Bauten, einschließlich der Bauten auf fremdem Grund;	1. gesetzliche Rücklage;
2. technische Anlagen und Maschinen;	2. satzungsmäßige Rücklagen;
3. andere Anlagen, Betriebs- und Geschäftsausstattung;	3. andere Rücklagen (freie Rücklagen);
4. geleistete Anzahlungen und Anlagen in Bau;	IV. Bilanzgewinn (Bilanzverlust), davon Gewinnvortrag/Verlustvortrag.
III. Finanzanlagen:	B. Rückstellungen:
1. Anteile an verbundenen Unternehmen;	1. Rückstellungen für Abfertigungen;
2. Ausleihungen an verbundene Unternehmen;	2. Rückstellungen für Pensionen;
3. Beteiligungen;	3. Steuerrückstellungen;
4. Ausleihungen an Unternehmen, mit denen ein Beteiligungsverhältnis besteht;	4. sonstige Rückstellungen.
5. Wertpapiere (Wertrechte) des Anlagevermögens;	C. Verbindlichkeiten:
6. sonstige Ausleihungen	1. Anleihen, davon konvertibel;
B. Umlaufvermögen:	2. Verbindlichkeiten gegenüber Kreditinstituten;
I. Vorräte:	3. erhaltene Anzahlungen auf Bestellungen;
1. Roh-, Hilfs- und Betriebsstoffe;	4. Verbindlichkeiten aus Lieferungen und Leistungen;
2. unfertige Erzeugnisse;	5. Verbindlichkeiten aus der Annahme gezogener Wechsel und der Ausstellung eigener Wechsel;
3. fertige Erzeugnisse und Waren;	6. Verbindlichkeiten gegenüber verbundenen Unternehmen;
4. noch nicht abrechenbare Leistungen;	7. Verbindlichkeiten gegenüber Unternehmen, mit denen ein Beteiligungsverhältnis besteht;
5. geleistete Anzahlungen;	8. sonstige Verbindlichkeiten,
II. Forderungen und sonstige Vermögensgegenstände:	davon aus Steuern,
1. Forderungen aus Lieferungen und Leistungen;	davon im Rahmen der sozialen Sicherheit.
2. Forderungen gegenüber verbundenen Unternehmen;	D. Rechnungsabgrenzungsposten.
3. Forderungen gegenüber Unternehmen, mit denen ein Beteiligungsverhältnis besteht;	
4. sonstige Forderungen und Vermögensgegenstände;	
III. Wertpapiere und Anteile:	
1. Anteile an verbundenen Unternehmen;	
2. sonstige Wertpapiere und Anteile;	
IV. Kassenbestand, Schecks, Guthaben bei Kreditinstituten.	
C. Rechnungsabgrenzungsposten.	
D. Aktive latente Steuern.	

Tab 8: Bilanzgliederung gemäß § 224 UGB

2.7. Die Gewinn- und Verlustrechnung gemäß UGB

Die Gliederung der Gewinn- und Verlustrechnung ist in § 231 UGB geregelt. Grundsätzlich werden in der Gewinn- und Verlustrechnung alle Erträge und Aufwendungen des Geschäftsjahres erfasst. Das Geschäftsjahr umfasst in der Regel zwölf Monate. Ein kürzerer Zeitraum ist bei einem sogenannten Rumpfgeschäftsjahr bei Verlegung des Bilanzstichtages möglich, ein längerer hingegen gesetzlich verboten.

Die Erträge und Aufwendungen stehen im Idealfall in direktem Zusammenhang mit Geldein- bzw -auszahlungen, die jedoch auch andere Perioden als das Geschäftsjahr umfassen können. Die Erfassung der Aufwendungen erfolgt nach dem Zeitpunkt der wirtschaftlichen Verursachung. Die Erfassung der Erträge darf nach dem Prinzip der Bilanzvorsicht erst mit der Verwirklichung des Gewinns erfolgen. Langfristig deckt sich die Summe aller Aufwendungen und Erträge einer Periode mit der Summe der Einzahlungsüberschüsse bzw der Auszahlungsunterdeckung. Dieser Grundsatz wird als pagatorisches Prinzip (nach *Preinreich*[36]) bezeichnet.

Die Aufwendungen und Erträge einer Periode werden in Staffelform, entsprechend der Gliederung der Gewinn- und Verlustrechnung, zu einzelnen Ertrags- bzw Aufwandsposten zusammengefasst. Die Posten können entweder nach dem Gesamtkostenverfahren oder dem Umsatzkostenverfahren dargestellt werden. Das Gesamtkostenverfahren unterteilt die Aufwendungen nach der Art der Aufwendungen. Gleichartige Aufwendungen werden in einer Position zusammengefasst, wie zB Personal- oder Materialaufwendungen. Beim Umsatzkostenverfahren werden die Aufwendungen nach der gleichartigen Funktion unterteilt. Beispielsweise werden die Personalaufwendungen nach der Funktion im Betrieb in Herstellungs-, Vertriebs- und Verwaltungskosten aufgeteilt. Die folgende Übersicht zeigt die gesetzliche Gliederung der Gewinn- und Verlustrechnung nach dem Gesamtkostenverfahren.

Gewinn- und Verlustrechnung nach dem Gesamtkostenverfahren	
1.	Umsatzerlöse;
2.	Veränderung des Bestands an fertigen und unfertigen Erzeugnissen sowie an noch nicht abrechenbaren Leistungen;
3.	andere aktivierte Eigenleistungen;
4.	sonstige betriebliche Erträge, wobei Gesellschaften, die nicht klein sind, folgende Beträge aufgliedern müssen:
	a) Erträge aus dem Abgang vom und der Zuschreibung zum Anlagevermögen mit Ausnahme der Finanzanlagen,
	b) Erträge aus der Auflösung von Rückstellungen,
	c) übrige;

36 Vgl *Peinreich* (1937) 209–266.

Gewinn- und Verlustrechnung nach dem Gesamtkostenverfahren	
5.	Aufwendungen für Material und sonstige bezogene Herstellungsleistungen: a) Materialaufwand, b) Aufwendungen für bezogene Leistungen;
6.	Personalaufwand: a) Löhne und Gehälter, wobei Gesellschaften, die nicht klein sind, Löhne und Gehälter getrennt voneinander ausweisen müssen; b) soziale Aufwendungen, davon Aufwendungen für Altersversorgung, wobei Gesellschaften, die nicht klein sind, folgende Beträge zusätzlich gesondert ausweisen müssen: aa) Aufwendungen für Abfertigungen und Leistungen an betriebliche Mitarbeitervorsorgekassen; bb) Aufwendungen für gesetzlich vorgeschriebene Sozialabgaben sowie vom Entgelt abhängige Abgaben und Pflichtbeiträge;
7.	Abschreibungen: a) auf immaterielle Gegenstände des Anlagevermögens und Sachanlagen, b) auf Gegenstände des Umlaufvermögens, soweit diese die im Unternehmen üblichen Abschreibungen überschreiten;
8.	sonstige betriebliche Aufwendungen, wobei Gesellschaften, die nicht klein sind, Steuern, soweit sie nicht unter Z 18 fallen, gesondert ausweisen müssen;
9.	Zwischensumme aus Z 1 bis 8;
10.	Erträge aus Beteiligungen, davon aus verbundenen Unternehmen;
11.	Erträge aus anderen Wertpapieren und Ausleihungen des Finanzanlagevermögens, davon aus verbundenen Unternehmen;
12.	sonstige Zinsen und ähnliche Erträge, davon aus verbundenen Unternehmen;
13.	Erträge aus dem Abgang von und der Zuschreibung zu Finanzanlagen und Wertpapieren des Umlaufvermögens;
14.	Aufwendungen aus Finanzanlagen und aus Wertpapieren des Umlaufvermögens, davon haben Gesellschaften, die nicht klein sind, gesondert auszuweisen: a) Abschreibungen, b) Aufwendungen aus verbundenen Unternehmen;
15.	Zinsen und ähnliche Aufwendungen, davon betreffend verbundene Unternehmen;
16.	Zwischensumme aus Z 10 bis 15;

Gewinn- und Verlustrechnung nach dem Gesamtkostenverfahren	
17.	Ergebnis vor Steuern (Zwischensumme aus Z 9 und Z 16);
18.	Steuern vom Einkommen und vom Ertrag;
19.	Ergebnis nach Steuern;
20.	sonstige Steuern, soweit nicht unter den Posten 1 bis 19 enthalten;
21.	Jahresüberschuss/Jahresfehlbetrag;
22.	Auflösung von Kapitalrücklagen;
23.	Auflösung von Gewinnrücklagen;
24.	Zuweisung zu Gewinnrücklagen;
25.	Gewinnvortrag/Verlustvortrag aus dem Vorjahr;
26.	Bilanzgewinn/Bilanzverlust.

Tab 9: Das Gesamtkostenverfahren gemäß § 231 Abs 2 UGB

Die **Bestandsveränderung** wird nur in der Gewinn- und Verlustrechnung nach dem **Gesamtkostenverfahren** dargestellt. Im Gesamtkostenverfahren werden den Erlösen einer Periode die Aufwendungen einer Periode gegenübergestellt. Werden im Geschäftsjahr mehr Produkte produziert als abgesetzt (Lageraufbau), kommt es zur positiven Bestandsveränderung. Durch die Bestandsveränderung werden jene Teile der im Aufwand erfassten Herstellkosten neutralisiert, die in den Produkten enthalten sind, die auf Lager gelegt werden. Werden im Geschäftsjahr mehr Produkte abgesetzt als produziert (Lagerabbau) und somit Produkte, die in der Vorperiode hergestellt wurden, verkauft, kommt es zur negativen Bestandsveränderung. Die Bestandsveränderung wird für die Veränderung von selbst produzierten unfertigen und fertigen Erzeugnissen, sowie noch nicht abrechenbaren Leistungen angesetzt. Für von Dritten erworbene Handelswaren wird keine Bestandsveränderung angesetzt.

Im Umsatzkostenverfahren werden nur die Herstellkosten der abgesetzten Menge in den Aufwendungen angesetzt. Deshalb ist der Posten Bestandsveränderung nicht erforderlich.

Die folgende Übersicht zeigt die Gewinn- und Verlustrechnung nach dem Umsatzkostenverfahren:

Gewinn- und Verlustrechnung nach dem Umsatzkostenverfahren	
1.	Umsatzerlöse;
2.	Herstellungskosten der zur Erzielung der Umsatzerlöse erbrachten Leistungen;
3.	Bruttoergebnis vom Umsatz;
4.	Vertriebskosten;
5.	allgemeine Verwaltungskosten;
6.	sonstige betriebliche Erträge, wobei Gesellschaften, die nicht klein sind, folgende Beträge aufgliedern müssen:
	a) Erträge aus dem Abgang vom und der Zuschreibung zum Anlagevermögen mit Ausnahme der Finanzanlagen,

Gewinn- und Verlustrechnung nach dem Umsatzkostenverfahren	
	b) Erträge aus der Auflösung von Rückstellungen,
	c) übrige;
7.	sonstige betriebliche Aufwendungen;
8.	Zwischensumme aus Z 1 bis 7;
9.	Erträge aus Beteiligungen,
	davon aus verbundenen Unternehmen;
10.	Erträge aus anderen Wertpapieren und Ausleihungen des Finanzanlagevermögens,
	davon aus verbundenen Unternehmen;
11.	sonstige Zinsen und ähnliche Erträge,
	davon aus verbundenen Unternehmen;
12.	Erträge aus dem Abgang von und der Zuschreibung zu Finanzanlagen und Wertpapieren des Umlaufvermögens;
13.	Aufwendungen aus Finanzanlagen und aus Wertpapieren des Umlaufvermögens,
	davon haben Gesellschaften, die nicht klein sind, gesondert auszuweisen:
	a) Abschreibungen,
	b) Aufwendungen aus verbundenen Unternehmen;
14.	Zinsen und ähnliche Aufwendungen,
	davon betreffend verbundene Unternehmen;
15.	Zwischensumme aus Z 9 bis 14;
16.	Ergebnis vor Steuern (Zwischensumme aus Z 8 und Z 15);
17.	Steuern vom Einkommen und vom Ertrag;
18.	Ergebnis nach Steuern;
19.	sonstige Steuern, soweit nicht unter den Posten 1 bis 18 enthalten;
20.	Jahresüberschuss/Jahresfehlbetrag;
21.	Auflösung von Kapitalrücklagen;
22.	Auflösung von Gewinnrücklagen;
23.	Zuweisung zu Gewinnrücklagen;
24.	Gewinnvortrag/Verlustvortrag aus dem Vorjahr;
25.	Bilanzgewinn (Bilanzverlust).

Tab 10: Das Umsatzkostenverfahren gemäß § 231 Abs 3 UGB

3. Der Jahresabschluss nach dem deutschen Handelsgesetzbuch

Die deutschen Rechnungslegungsvorschriften sind im deutschen Handelsgesetzbuch (dHGB) geregelt. Zusätzliche Offenlegungspflichten finden sich im Publizitätsgesetz (PublG). Wie die österreichische, so ist auch die deutsche Gesetzgebung prinzipienorientiert und frei in ihren Ausführungen. Interpretationen sind erforderlich. Die Grundsätze sind überwiegend deckungsgleich mit denen des österreichischen Gesetzbuches. Wiederum gibt es unterstützende Institutionen, die fakultative Richtlinien zur Interpretation des Gesetzes zur Verfügung stellen.

3.1. Rechnungslegungspflicht nach dHGB in Deutschland

3.1.1. Die Buchführungspflicht nach deutschem Recht

Nach § 238 Abs 1 dHGB besteht für jeden Kaufmann[37] die Verpflichtung, *„Bücher zu führen und in diesen seine Handelsgeschäfte und die Lage seines Vermögens nach den Grundsätzen ordnungsmäßiger Buchführung ersichtlich zu machen"*.

3.1.2. Die Pflicht zur Erstellung eines Jahresabschlusses nach dHGB in Deutschland

Nach deutschem Recht hat ein Kaufmann zu Beginn seines Handelsgewerbes und für den Schluss eines jeden Geschäftsjahres einen das Verhältnis seines Vermögens und seiner Schulden darstellenden Abschluss (Eröffnungsbilanz, Bilanz) aufzustellen.[38] Der Kaufmann hat für den Schluss eines jeden Geschäftsjahres eine Gegenüberstellung der Aufwendungen und Erträge des Geschäftsjahres (Gewinn- und Verlustrechnung) aufzustellen.[39] Die Bilanz, die Gewinn- und Verlustrechnung[40] und der Anhang[41] bilden den Jahresabschluss. Alle nach Handelsrecht buchführungspflichtigen Kaufleute unterliegen gemäß § 140 dAO auch der steuerrechtlichen Buchführungspflicht.

Analog zum österreichischen Recht besteht auch im deutschen Recht der Maßgeblichkeitsgrundsatz zwischen Handels- und Steuerrecht. Er ist in § 5 Abs 1 Satz 1 dEStG normiert. Demzufolge sind bei der Aufstellung der Steuerbilanz die Grundsätze der ordnungsgemäßen Buchführung bezogen auf die Handelsbilanz zu berücksichtigen. Gibt es keine Unterschiede zwischen der Handels- und der Steuerbilanz, so spricht man von einer Einheitsbilanz. In der Praxis existieren jedoch relevante Unterschiede. So ist handelsrechtlich zB die Bildung einer Drohverlustrückstellung verpflichtend,[42] wohingegen steuerrechtlich die Bildung einer Drohverlustrückstellung untersagt[43] ist.

37 Vgl § 1 dHGB.
38 Vgl § 242 Abs 1 Satz 1 dHGB.
39 Vgl § 242 Abs 2 dHGB.
40 Vgl § 242 Abs 3 dHGB.
41 Vgl § 264 Abs 1 dHGB für Kapitalgesellschaften ist grundsätzlich ebenso ein Anhang zu erstellen.
42 Vgl § 249 Abs 1 dHGB.
43 Vgl § 5 Abs. 4a dEStG.

3.1.3. Größenabhängige Befreiungen nach deutschem Recht

Eine Befreiung der Buchführungspflicht ist § 241a dHGB geregelt. Einzelkaufleute, die an den Abschlussstichtagen von zwei aufeinander folgenden Geschäftsjahren nicht mehr als jeweils 600.000 € Umsatzerlöse und jeweils 60.000 € Jahresüberschuss aufweisen, sind von der Pflicht zur Buchführung und Erstellung eines Inventars befreit. Liegt eine Befreiung der Buchführungspflicht gemäß § 241a dHGB vor, so besteht auch keine Pflicht zur Aufstellung des Jahresabschlusses.[44]

3.2. Pflicht zur Offenlegung

Die Pflicht zur Offenlegung ist im deutschen Recht im vierten Unterabschnitt des dritten Buches des dHGB normiert. Je nach Größenklasse des Unternehmens sind zudem die Anforderungen des PublG zu berücksichtigen.[45] Die Größenklassen und das Eintreten von deren Rechtsfolgen in Deutschland sind ähnlich jenen in Österreich (siehe Kapitel 2.1) mit der Ausnahme, dass die Grenze der kleinen Kapitalgesellschaften bis Mio EUR 6 Bilanzsumme und Mio EUR 12 Umsatzerlöse reicht. Die Größenklassen sind in § 267 bis § 267a dHGB umschrieben. Die Mitglieder des vertretungsberechtigten Organs von Kapitalgesellschaften haben für die Gesellschaft den festgestellten oder gebilligten Jahresabschluss, den Lagebericht, ggf eine schriftliche Erklärung nach § 264 Abs 2 Satz 3 und § 289 Abs 1 Satz 5 und den Bestätigungsvermerk oder den Vermerk über dessen Versagung, den Bericht des Aufsichtsrats und die nach § 161 des Aktiengesetzes vorgeschriebene Erklärung offenzulegen. Die Unterlagen sind elektronisch beim Betreiber des Bundesanzeigers in einer Form einzureichen, die ihre Bekanntmachung ermöglicht.[46] Grundsätzlich sind die Unterlagen spätestens ein Jahr nach dem Abschlussstichtag des Geschäftsjahres einzureichen, auf das sie sich beziehen.[47] Generell setzt sich der Offenlegungsprozess gemäß dem dHGB aus zwei Handlungen zusammen:[48]

- der Einreichung der vorgeschriebenen Unterlagen beim Betreiber des Bundesanzeigers und
- der Bekanntmachung im Bundesanzeiger.

Gemäß § 324 Abs 2a dHGB kann ein Einzelabschluss einer Kapitalgesellschaft zu Offenlegungszwecken auch nach den IFRS aufgestellt werden. Dies wirkt jedoch nicht befreiend auf die Veröffentlichung eines Jahresabschlusses gemäß dHGB, der dann dennoch zu erstellen und offenzulegen ist, um Ausschüttungs- und Steuerbemessungsfunktion zu erfüllen.[49]

44 Vgl § 242 Abs 4 dHGB.
45 Vgl § 1 PublG.
46 Vgl § 325 dHGB.
47 Vgl § 325 Abs 1a dHGB.
48 Vgl *Coenenberg/Haller/Schultze* (2021) 1055, § 325 Abs 2a dHGB.
49 Vgl *Coenenberg/Haller/Schultze* (2021) 1056.

	Kleinst KapGes	Kleine KapGes	Mittelgroße KapGes	Große KapGes
Bilanz	Kurzform	Kurzform	Kurzform (erweitert)	Ja
GuV	Nein	Nein	Kurzform	Ja
Anhang	Nein	Kurzform	Kurzform (erweitert)	Ja
Lagebericht	Nein	Nein	Ja	Ja
Bestätigungsvermerk	Nein	Nein	Ja	Ja
Umlauf- bzw Gesellschafterbeschluss über die Ergebnisverwendung	Nein	Nein	Ja, wenn nicht im Anhang bzw verzichtbar	Ja, wenn nicht im Anhang bzw verzichtbar

Tab 11: Pflicht zur Offenlegung in Deutschland

3.3. Wie ist die Erstellung gemäß dHGB geregelt?

Die Erstellung eines Jahresabschlusses gemäß dHGB ist gesetzlich im Dritten Buch des Handelsgesetzbuches in den §§ 238–342a dHGB geregelt. Auch das deutsche Bilanzrecht kommt, wie schon das UGB, mit einem geringen Umfang an Regelungen aus, weshalb auch bei deutschen Jahresabschlüssen vielfach eine Gesetzesinterpretation notwendig ist. Analog zu Österreich existieren auch in Deutschland Institutionen, die Richtlinien und Interpretationen bereitstellen, die zwar nicht verpflichtend anzuwenden sind, aber dennoch einen faktisch bindenden Charakter besitzen, da eine mit diesen Regelwerken konforme Bilanzierung zumindest einer vorsätzlich oder grob fahrlässigen Fehldarstellung vorbeugt.

Dies sind die beiden wichtigsten deutschen Institutionen, die Richtlinien und Interpretationen sind online erhältlich:

- Institut der Wirtschaftsprüfer in Deutschland e. V. (IDW): https://www.idw.de
- Deutsche Rechnungslegungs Standards Committee e.V.: https://www.drsc.de

Für das deutsche Handelsgesetzbuch gibt es im Vergleich zum österreichischen UGB eine größere Auswahl an Kommentaren zum Bilanzrecht. Im Folgenden lediglich eine kleine Auswahl:

- *Adler/Düring/Schmaltz*, Rechnungslegung und Prüfung der Unternehmen, Schäffer-Poeschel
- *Küting/Pfitzer/Weber*, Handbuch der Rechnungslegung – Einzelabschluss, Schäffer-Poeschel
- Beck'scher Bilanz-Kommentar, Beck
- *Drescher/Fleischer/Schmid*, Münchener Kommentar zum Handelsgesetzbuch, Beck

Natürlich gilt auch im deutschen Handelsgesetz der gleiche Grundsatz. Bei Zweifelsfragen der Bilanzierung sollte zunächst ein Kommentar oder einschlägige Fachliteratur herangezogenen werden. Eine Bilanzierung entgegen der Literaturmeinung sollte vermieden werden, besteht jedoch eine ernstzunehmende Gegenmeinung in der Literatur, muss eine Bilanzierung nicht nach der Mehrheit erfolgen. Besteht ein neuartiger Sachverhalt, bleibt nur die eigenständige Auslegung des Gesetzestextes.

3.4. Grundsätze der Buchführung gemäß dHGB

Nachdem das deutsche Handelsgesetzbuch die Grundlage für das österreichische Handelsgesetzbuch, dem Vorgänger des österreichischen Unternehmensgesetzbuches, war, sind die Grundsätze beinahe identisch. Auch für das deutsche Handelsgesetzbuch gelten die *„Grundsätze ordnungsmäßiger Buchführung"*.

3.4.1. Grundsätze ordnungsmäßiger Buchführung

Die folgende Tabelle zeigt in Anlehnung an Kapitel 2.5. die Grundsätze sowie die Stelle der gesetzlichen Regelung:

Grundsatz	Gesetzliche Regelung
Grundsatz der Bilanzwahrheit	§ 249 Abs 2 dHGB § 246 Abs 1 dHGB
Grundsatz der Bilanzklarheit	§ 238 Abs 1 Satz 2 dHGB § 243 Abs 2 dHGB
Grundsatz der Vollständigkeit	§ 239 Abs 2 dHGB § 246 Abs 1 dHGB
Grundsatz der Bilanzkontinuität	§ 246 Abs 3 dHGB § 252 Abs 1 Nr 6 dHGB
Grundsatz der Bilanzidentität	§ 252 Abs 1 Nr 1 dHGB
Grundsatz der Vorsicht	§ 252 Abs 1 Nr 4 dHGB
Stichtagsprinzip	§ 252 Abs 1 Nr 3 und 4 dHGB
Going-Concern-Prinzip	§ 252 Abs 1 Nr 2 dHGB
Grundsatz der Einzelbewertung	§ 252 Abs 1 Nr 3 dHGB
Grundsatz der Periodenabgrenzung	§ 252 Abs 1 Nr 5 dHGB
Prinzip der Wesentlichkeit	§ 265 dHGB § 267 dHGB § 268 dHGB § 285 dHGB

Tab 12: GoB in Deutschland

Vergleicht man die Tabelle mit den Grundsätzen in Kapitel 2.5., wird ersichtlich, dass die Grundsätze sowohl im UGB als auch im dHGB sich im Wesentlichen entsprechen.

3.5. Die Bilanz gemäß dHGB

Die Bilanz gemäß dHGB ist in § 266 geregelt. Auch sie folgt einem starren Schema. Die Gliederung der Bilanz nach den gesetzlichen Vorschriften des dHGB ist in der folgenden Tabelle dargestellt:

Aktiva	Passiva
A. Anlagevermögen:	A. Eigenkapital:
I. Immaterielle Vermögensgegenstände:	I. Gezeichnetes Kapital;
1. Selbst geschaffene gewerbliche Schutzrechte und ähnliche Rechte und Werte;	II. Kapitalrücklage:
2. entgeltlich erworbene Konzessionen, gewerbliche Schutzrechte und ähnliche Rechte und Werte sowie Lizenzen an solchen Rechten und Werten;	III. Gewinnrücklagen:
3. Geschäfts- oder Firmenwert;	1. gesetzliche Rücklage;
4. geleistete Anzahlungen;	2. Rücklage für Anteile an einem herrschenden oder mehrheitlich beteiligten Unternehmen;
II. Sachanlagen:	3. satzungsmäßige Rücklagen;
1. Grundstücke, grundstücksgleiche Rechte und Bauten einschließlich der Bauten auf fremden Grundstücken;	4. andere Gewinnrücklagen;
2. technische Anlagen und Maschinen;	IV. Gewinnvortrag/Verlustvortrag;
3. andere Anlagen, Betriebs- und Geschäftsausstattung;	V. Jahresüberschuss/Jahresfehlbetrag.
4. geleistete Anzahlungen und Anlagen in Bau;	B. Rückstellungen:
III. Finanzanlagen:	1. Rückstellungen für Pensionen und ähnliche Verpflichtungen;
1. Anteile an verbundenen Unternehmen;	2. Steuerrückstellungen;
2. Ausleihungen an verbundene Unternehmen;	3. sonstige Rückstellungen.
3. Beteiligungen;	C. Verbindlichkeiten:
4. Ausleihungen an Unternehmen, mit denen ein Beteiligungsverhältnis besteht;	1. Anleihen
5. Wertpapiere des Anlagevermögens;	davon konvertibel;
6. sonstige Ausleihungen.	2. Verbindlichkeiten gegenüber Kreditinstituten;
B. Umlaufvermögen:	3. erhaltene Anzahlungen auf Bestellungen;
I. Vorräte:	4. Verbindlichkeiten aus Lieferungen und Leistungen;
1. Roh-, Hilfs- und Betriebsstoffe;	5. Verbindlichkeiten aus der Annahme gezogener Wechsel und der Ausstellung eigener Wechsel;
2. unfertige Erzeugnisse, unfertige Leistungen;	6. Verbindlichkeiten gegenüber verbundenen Unternehmen;
3. fertige Erzeugnisse und Waren;	7. Verbindlichkeiten gegenüber Unternehmen, mit denen ein Beteiligungsverhältnis besteht;
4. geleistete Anzahlungen;	8. sonstige Verbindlichkeiten,
II. Forderungen und sonstige Vermögensgegenstände:	davon aus Steuern,
1. Forderungen aus Lieferungen und Leistungen;	davon im Rahmen der sozialen Sicherheit.
2. Forderungen gegen verbundene Unternehmen;	D. Rechnungsabgrenzungsposten.
3. Forderungen gegen Unternehmen, mit denen ein Beteiligungsverhältnis besteht;	E. Passive latente Steuern.
4. sonstige Vermögensgegenstände;	
III. Wertpapiere:	
1. Anteile an verbundenen Unternehmen;	
2. sonstige Wertpapiere;	
IV. Kassenbestand, Bundesbankguthaben, Guthaben bei Kreditinstituten und Schecks.	
C. Rechnungsabgrenzungsposten.	
D. Aktive latente Steuern.	
E. Aktiver Unterschiedsbetrag aus der Vermögensverrechnung.	

Tab 13: Bilanzgliederung gemäß § 266 dHGB

3.6. Die Gewinn- und Verlustrechnung gemäß dHGB

Die Gliederung der Gewinn- und Verlustrechnung ist in § 275 dHGB geregelt. Es gelten dieselben Grundsätze wie im UGB. Die gesetzliche Gliederung nach dem Gesamtkostenverfahren ist folgender Übersicht zu entnehmen:

Gewinn- und Verlustrechnung nach dem Gesamtkostenverfahren	
1.	Umsatzerlöse
2.	Erhöhung oder Verminderung des Bestands an fertigen und unfertigen Erzeugnissen
3.	andere aktivierte Eigenleistungen
4.	sonstige betriebliche Erträge
5.	Materialaufwand:
	a) Aufwendungen für Roh-, Hilfs- und Betriebsstoffe und für bezogene Waren
	b) Aufwendungen für bezogene Leistungen
6.	Personalaufwand:
	a) Löhne und Gehälter
	b) soziale Abgaben und Aufwendungen für Altersversorgung und für Unterstützung,
	davon für Altersversorgung
7.	Abschreibungen:
	a) auf immaterielle Vermögensgegenstände des Anlagevermögens und Sachanlagen
	b) auf Vermögensgegenstände des Umlaufvermögens, soweit diese die in der Kapitalgesellschaft üblichen Abschreibungen überschreiten
8.	sonstige betriebliche Aufwendungen
9.	Erträge aus Beteiligungen,
	davon aus verbundenen Unternehmen
10.	Erträge aus anderen Wertpapieren und Ausleihungen des Finanzanlagevermögens,
	davon aus verbundenen Unternehmen
11.	sonstige Zinsen und ähnliche Erträge,
	davon aus verbundenen Unternehmen
12.	Abschreibungen auf Finanzanlagen und auf Wertpapiere des Umlaufvermögens
13.	Zinsen und ähnliche Aufwendungen,
	davon aus verbundenen Unternehmen
14.	Steuern vom Einkommen und vom Ertrag
15.	Ergebnis nach Steuern
16.	sonstige Steuern
17.	Jahresüberschuss/Jahresfehlbetrag.

Tab 14: Das Gesamtkostenverfahren gemäß § 275 dHGB

Auch das Umsatzkostenverfahren gemäß § 275 dHGB entspricht im Wesentlichen dem Umsatzkostenverfahren nach UGB, wie aus der folgenden Übersicht ersichtlich ist:

Gewinn- und Verlustrechnung nach dem Umsatzkostenverfahren	
1.	Umsatzerlöse
2.	Herstellungskosten der zur Erzielung der Umsatzerlöse erbrachten Leistungen
3.	Bruttoergebnis vom Umsatz
4.	Vertriebskosten
5.	allgemeine Verwaltungskosten
6.	sonstige betriebliche Erträge
7.	sonstige betriebliche Aufwendungen
8.	Erträge aus Beteiligungen, davon aus verbundenen Unternehmen
9.	Erträge aus anderen Wertpapieren und Ausleihungen des Finanzanlagevermögens, davon aus verbundenen Unternehmen
10.	sonstige Zinsen und ähnliche Erträge, davon aus verbundenen Unternehmen
11.	Abschreibungen auf Finanzanlagen und auf Wertpapiere des Umlaufvermögens
12.	Zinsen und ähnliche Aufwendungen, davon an verbundene Unternehmen
13.	Steuern vom Einkommen und vom Ertrag
14.	Ergebnis nach Steuern
15.	sonstige Steuern
16.	Jahresüberschuss/Jahresfehlbetrag.

Tab 15: Das Umsatzkostenverfahren gemäß § 275 dHGB

4. International Financial Reporting Standards (IFRS)

Die IFRS sind internationale Rechnungslegungsgrundsätze, die vom International Accounting Standards Board veröffentlicht werden. In der Europäischen Union sind sie im aktuellen Status, wie durch die Kommission in europäisches Recht übernommen, verpflichtend auf Konzernabschlüsse von börsennotierten Unternehmen anzuwenden. Auch nicht kapitalmarktnotierte österreichische und deutsche Unternehmen können ihre Konzernabschlüsse befreiend nach IFRS aufstellen. In Österreich und Deutschland haben sie für den Jahresabschluss eines einzelnen Unternehmens praktisch keine Bedeutung, da ein IFRS-Einzelabschluss nicht von der Erstellung und Veröffentlichung eines Jahresabschlusses nach UGB oder dHGB befreit.

4.1. Anwendung der IFRS in Österreich und in Deutschland

Im Juli 2002 erfolgte der Erlass der Verordnung 1606/2002, die sogenannte IAS-Verordnung, durch das Europäische Parlament und den Rat der Europäischen Union. Seit 2005 (in Ausnahmefällen ab 2007) müssen kapitalmarktnotierte Unternehmen in der EU ihre Konzernabschlüsse nach den IFRS aufstellen. Kapitalmarktnotierte Unternehmen sind solche, deren Wertpapier in einem beliebigen Mitgliedstatt zum Handel in einem geregelten Markt zugelassen[50] sind. Somit haben die IFRS für österreichische und deutsche Einzelabschlüsse praktisch kaum Bedeutung.

Gemäß § 245a UGB sind die IFRS für Konzernabschlüsse von kapitalmarktorientierten Unternehmen verpflichtend anzuwenden.[51] Eine freiwillige Anwendung der IFRS auf Konzernabschlüsse von nicht kapitalmarktorientierten Unternehmen ist zulässig und wirkt befreiend auf die Aufstellung eines Konzernabschlusses gemäß den Anforderungen des UGB.[52] Die Aufstellung eines Jahresabschlusses nach den IFRS wirkt nach österreichischem Recht nicht befreiend für der Erstellung und Veröffentlichung eines UGB-Jahresabschlusses.

Gemäß § 315e dHGB sind kapitalmarktorientierte Kapitalgesellschaften dazu verpflichtet, einen Konzernabschluss gemäß den IFRS aufzustellen. Identisch zum österreichischen Recht besteht nach deutschem Recht ein Wahlrecht zur freiwilligen Aufstellung eines Konzernabschlusses nach den IFRS für nicht-kapitalmarktorientierte Unternehmen. Ein IFRS-Einzelabschluss kann aufgestellt werden, befreit jedoch nicht von der Erstellung eines Jahresabschlusses nach dHGB, der für die Bemessung des Gewinnausschüttungspotenzials und auch für steuerliche Bemessungszwecke zu erstellen ist.

50 Multilateral Trading Facilities, wie in Österreich früher „Dritter Markt“ benannt, in Deutschland früher „Freiverkehr“, sind kein geregelter Markt.
51 Vgl § 245a Abs 1 UGB.
52 Vgl § 245a Abs 2 UGB.

Anwendung der IFRS in Österreich und Deutschland		Kapitalmarktorientiertes Unternehmen	Nicht kapitalmarktorientiertes Unternehmen
Einzelabschluss	Österreich	unzulässig	unzulässig
	Deutschland	zulässig, nicht befreiend	zulässig, nicht befreiend
Konzernabschluss	Österreich	Verpflichtung	Wahlrecht
	Deutschland	Verpflichtung	Wahlrecht

Tab 16: Anwendung der IFRS in Österreich und Deutschland

Aus den dargestellten nationalen Normen wird ersichtlich, dass die IFRS für Jahres- und Einzelabschlüsse in Österreich und in Deutschland von untergeordneter Bedeutung sind. Für die betriebsinterne Kennzahlenanalyse können die IFRS in der Praxis an Relevanz gewinnen, wenn das Unternehmen ein Berichtspaket[53] erstellt, das als Basis für die Erstellung des IFRS-Konzernabschlusses einer Muttergesellschaft dient.

4.2. Exkurs: Pflicht zur Aufstellung eines Konzernabschlusses

Um ein Grundverständnis für Bilanzanalyse zu ermöglichen, geben wir im folgenden Unterkapitel eine kurze Übersicht, was ein Konzernabschluss ist und wann ein solcher in Deutschland, Österreich und IFRS grundsätzlich aufzustellen ist. Für die Konsolidierungstechniken verweisen wir auf die weiterführende Literatur.[54]

In einem Konzernabschluss werden die Jahresabschlüsse der Tochter- und des Mutterunternehmen zusammengefasst und wie der Jahresabschluss eines einzelnen Unternehmens dargestellt (Einheitstheorie). Konzerninterne Transaktionen, Beteiligungsverhältnisse und Forderungen sowie Verbindlichkeiten werden konsolidiert, das heißt eliminiert. Auch wenn die einzelnen Unternehmen rechtlich weiterhin eigenständig bleiben, wird in der Konzernrechnungslegung neben der bereits vorliegenden wirtschaftlichen Einheit auch von einer rechtlichen Einheit ausgegangen.[55] Ein Konzernabschluss hat in Österreich und Deutschland Informationsfunktion. Für die Bemessung des einkommensteuerrechtlichen Ergebnisses, sowie für die Bemessung der möglichen Gewinnausschüttungen ist er irrelevant.

Durch die konsolidierte Darstellung resultieren wirtschaftlich sinnvollere Informationen. Während im Jahresabschluss eines Mutterunternehmens in der Praxis häufig die Anteile an verbunden Unternehmen den wesentlichsten Posten der Bilanz darstellen, werden im Konzernabschluss grundsätzlich sämtliche Vermögensgegenstände und

53 Im Englischen wird das Berichtspaket häufig als Group Reporting Package bezeichnet. Je nach Ausgestaltung des Konzernrechnungswesens wird es bereits durch alle verbundenen Unternehmen im Konzern einheitlich gegliedert und bewertet auf Basis der Rechnungslegungsnormen, die der Konzern anzuwenden hat, erstellt.

54 Beispiele für Literatur zur Konzernrechnungslegung: Für die Österreichische und IFRS Rechtslage: *Fröhlich*, Praxis der Konzernrechnungslegung (2022); *Egger/Bertl/Hirschler/Mittelbach-Hörmanseder*, Der Jahresabschluss nach dem Unternehmensgesetzbuch. Band 2. Der Konzernabschluss (2021). Für die deutsche Rechtslage zB: *Baetge/Kirsch/Thiele*, Konzernbilanzen (2021).

55 Vgl *Wagenhofer* (2019) 131.

Schulden der Tochterunternehmen abgebildet. Ebenso fasst die konsolidierte Gewinn- und Verlustrechnung sämtliche Transaktionen des Konzerns zusammen, eliminiert um Beziehungen innerhalb der Gruppe, während in der Gewinn- und Verlustrechnung der Holding-Gesellschaft lediglich die Ausschüttungen von Anteilen an verbundenen Unternehmen und eventuell Zu- und Abschreibungen auf den Buchwert an Anteilen an verbundenen Unternehmen eingeschränkt Auskunft über die wirtschaftliche Entwicklung der Tochtergesellschaften geben. Daraus allein lässt sich die wirtschaftliche Entwicklung des verbundenen Unternehmens nicht genau beurteilen.

Durch die Konsolidierung werden vielfach Gestaltungsspielräume, die in den Einzelabschlüssen im Konzern bestehen, eliminiert, wie etwa:[56]

- Gestaltung von Verrechnungspreisen innerhalb des Konzerns zur Steuerung und Verschiebung von Ergebnissen. Dies kann im Rahmen der rechtlichen Möglichkeiten auch steuerlich bedingt sein.
- Die Verschiebung von Vermögenswerten und Schulden und Realisierung der darin enthaltenen stillen Reserven oder stillen Lasten.
- Erwerb von immateriellem Anlagevermögen im Konzern, sodass das immaterielle Anlagevermögen trotz des Verbots der Aktivierung von selbsterstelltem Anlagevermögen nach § 197 Abs 2 UGB in der Bilanz des erstellenden Unternehmens vom erwerbenden verbundenen Unternehmen angesetzt werden kann.

Im UGB ist die Pflicht zur Aufstellung eines Konzernabschlusses in § 244 UGB geregelt. Das Mutterunternehmen muss hierfür eine Kapitalgesellschaft (oder eine Gesellschaft, in der keine natürliche Person unbeschränkt haftet, wie bei der GmbH & Co KG) sein, seinen Sitz im Inland haben und mindestens ein Tochterunternehmen besitzen.

Zur Bestimmung, ob ein **Tochterunternehmen** vorliegt oder nicht, gibt es zwei Konzepte. Das Tochterunternehmen kann entweder unter **einheitlicher Leitung** der Muttergesellschaft stehen (§ 244 Abs 1 UGB) oder es wird vom Mutterunternehmen **beherrscht** (§ 244 Abs 2 UGB). Die **Beherrschung** kann durch die Mehrheit der Stimmrechte (Z 1), durch das Recht, die Mehrheit der Mitglieder des Verwaltungs-, Leitungs- oder Aufsichtsorgans zu bestellen/abzuberufen (Z 2), oder durch andere Verträge und Rechte begründet (Z 3 und 4) werden.

Liegt mindestens ein Tochterunternehmen wie beschrieben vor, muss das Mutterunternehmen einen Konzernabschluss aufstellen. Die Aufstellung kann entfallen, wenn nur Tochterunternehmen mit einem Beteiligungsausmaß von weniger als 50 % gehalten werden oder die Tochterunternehmen von untergeordneter Bedeutung sind.

Für kleine Konzerne gelten Befreiungsbestimmungen. Werden zwei der drei folgenden Größenmerkmale nicht überschritten, kann der Konzernabschluss entfallen. Diese Regelung befindet sich in § 246 UGB.

56 Vgl *Wagenhofer/Ewert* (2015) 129–130.

	Nettomethode (konsolidierte Werte)	Bruttomethode (Summe der Werte der einzubeziehenden Unternehmen)
Bilanzsumme	24 Mio €	20 Mio €
Umsatzerlöse	48 Mio €	40 Mio €
Arbeitnehmer	250	250

Tab 17: Pflicht zur Aufstellung eines Konzernabschlusses in Österreich gemäß UGB und in Deutschland gemäß dHGB

Die Pflicht zur Aufstellung eines Konzernabschlusses nach **dHBG** ist ähnlich wie im UGB und ab § 290 dHGB geregelt. Ein Mutterunternehmen mit Sitz im Inland muss einen Konzernabschluss aufstellen, wenn es eine Kapitalgesellschaft ist und einen unmittelbaren oder mittelbaren **beherrschenden Einfluss** auf zumindest ein Tochterunternehmen ausübt. Das Konzept der einheitlichen Leitung gibt es im dHGB nicht.

Es gibt ebenfalls die Möglichkeit einer **größenabhängigen Befreiung**. Die Kriterien stimmen mit denen des § 246 UGB überein und sind in § 293 dHGB geregelt.

Neben der Erstellungspflicht gemäß dHGB, die für Kapitalgesellschaften gilt, ist in Deutschland auch jene für **andere Rechtsformen** gemäß § 11 PublG zu beachten. Die Größenkriterien unterscheiden sich hierbei. Das Konzept des beherrschenden Einflusses besteht auch in PublG.[57]

	Nettomethode (konsolidierte Werte)
Bilanzsumme	> 65 Mio €
Umsatzerlöse	> 130 Mio €
Arbeitnehmer	> 5.000

Tab 18: Pflicht zur Aufstellung eines Konzernabschlusses nach PublG in Deutschland

Die Pflicht zur Aufstellung eines **Konzernabschlusses nach IFRS** ist in IFRS 10 geregelt. Wie auch in den österreichischen und deutschen nationalen Vorschriften müssen Mutterunternehmen einen Konzernabschluss aufstellen, wenn sie mindestens ein Tochterunternehmen **beherrschen**. Das Konzept der Beherrschung wird in IFRS 10 definiert. Das beteiligte Unternehmen muss[58]

- die Bestimmungsmacht über das Beteiligungsunternehmen halten,
- variable Rückflüsse vom Beteiligungsunternehmen erhalten,
- durch Einsatz der Bestimmungsmacht über das Beteiligungsunternehmen die Höhe der variablen Rückflüsse kontrollieren.

57 Vgl *Coenenberg/Haller/Schultze* (2021) 649–651.
58 IFRS 10.6–10.7.

IFRS-Konzernabschlüsse können nach UGB und dHGB eine befreiende Wirkung auf den UGB/dHGB-Konzernabschluss haben. § 245a UGB regelt, dass Unternehmen, die einen Konzernabschluss nach IFRS aufstellen müssen oder freiwillig aufstellen, von der Pflicht, einen Konzernabschluss nach UGB aufzustellen befreit sind. Bei der Offenlegung muss klar gekennzeichnet werden, dass es sich um einen Konzernabschluss nach IFRS handelt.

Die gleichen Regelungen gelten auch im deutschen Recht und befinden sich in § 315e dHGB.

4.3. Grundlagen

Die IFRS sind internationale Rechnungslegungsvorschriften. Sie werden vom International Accounting Standards Board (IASB) herausgegeben und fortlaufend weiterentwickelt. Durch die IFRS verfolgt das IASB das Ziel einer Harmonisierung verschiedener nationaler Rechnungsvorschriften.

Im sogenannten Komitologieverfahren werden IFRS nach Prüfung durch die Kommission im Amtsblatt der Europäischen Union veröffentlicht und sind dann direkt anwendbares Gemeinschaftsrecht. Man spricht vom „Endorsement"-Verfahren. Nur jene IFRS, die so in Europäisches Recht übernommen wurden, sind in der verlautbarten Form anzuwenden.[59]

Die IFRS sind, obwohl prinzipienbasiert, bei Weitem regelbasierter als die Rechnungslegungsvorschriften im UGB und dHGB. Sie enthalten ausführlichere Regelungen und weniger Wahlrechte. Einzelne Bilanzierungssachverhalte werden in Standards festgehalten. Diese Standards wurden bis 2002 als IAS (International Accounting Standards) verlautbart. Seither werden neue Standards unter dem Namen IFRS (International Financial Reporting Standards) veröffentlicht.

Kerngedanke der IFRS ist es, dass ein Abschluss entscheidungsrelevante Informationen für existierende und potentielle Investoren und Fremdkapitalgeber bieten muss.[60] Andere Bilanzleser, wie Steuerbehörden oder Arbeitnehmer, stehen nicht im Fokus der Abschlussadressaten. IFRS-Konzernabschlüsse richten sich eben an Investoren von börsennotierten Unternehmen, die tendenziell weniger persönlichen Informationszugang zum Unternehmen haben, wie etwa bei familiengeführten Klein- und Mittelunternehmen. In Österreich und Deutschland kommt einem IFRS-Abschluss weder eine Ausschüttungsbemessungsfunktion noch eine Steuerbemessungsfunktion zu.

4.4. Aufbau und Hierarchie der IFRS

Der Aufbau der IFRS lässt sich wie folgt gliedern:

Rahmenkonzept (Framework)

Das Framework stellt die konzeptionelle Grundlage der IFRS dar. Es beinhaltet beispielsweise Grundlagen zur Ausgestaltung von Abschlüssen, Definitionen und Informa-

59 Vgl *Grünberger* (2021): 43 ff.
60 Vgl Rahmenkonzept 2018, 1.2.

tionen über den Ansatz einzelner Posten der Abschlüsse. Es wurde von der EU nicht in geltendes Recht übernommen, kann jedoch der Auslegung dienen. Außerdem verweisen Einzelstandards zum Teil darauf.[61]

Einzelstandards

Die Einzelstandards enthalten Regelungen und Erläuterungen zum Ansatz, zur Bewertung und zum Ausweis für die Bestandteile eines IFRS-Abschlusses. Die Einzelstandards sind durch die Bezeichnung IAS oder IFRS zu erkennen (zB IAS 1, IFRS 1). Zu den Standards werden häufig auch Begleitmaterialien veröffentlicht (Basis for Conclusions, Guidance on Implementation), die der Interpretation dienen können.

Interpretationen

Durch Interpretationen werden die Einzelstandards konkretisiert oder ergänzt. Die Interpretationen sind durch die Bezeichnung SIC oder IFRIC zu erkennen (zB SIC 7, IFRIC 1).

Folgende Grafik zeigt die Hierarchie der IFRS:

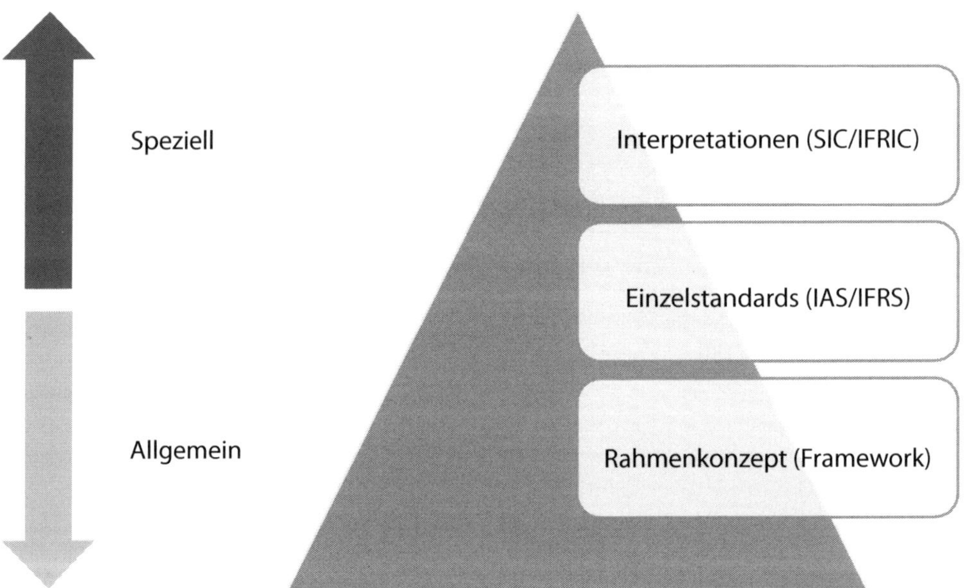

Abb 8: Hierarchie der IFRS

Bei landesspezifischen Detailfragen zu österreichischen Konzernabschlüssen nach UGB stehen Stellungnahmen des AFRAC zur Verfügung. Ähnlich stehen für Konzernabschlüsse nach dHGB Anwendungshinweise und Interpretationen des DRSC zur Verfügung.

61 Vgl IAS 1.15.

4.5. Das Rahmenkonzept der IFRS

Die Leitlinien für die IFRS-Rechnungslegung sind im Rahmenkonzept (Framework) festgelegt. Nach diesen Leitlinien haben sich auch alle Standards zu orientieren.[62] Das grundlegende Ziel ist es, die Informationsbedürfnisse der Abschlussadressaten zu befriedigen.[63]

Grundsätze der Rechnungslegung				
Zugrunde liegende Annahmen (IAS 1)	Unternehmensfortführung		Periodenabgrenzung	
Grundlegende Anforderungen (Rahmenkonzept)	Relevanz und Wesentlichkeit		glaubwürdige Darstellung	
Ergänzende Anforderungen (Rahmenkonzept)	Vergleichbarkeit	Nachprüfbarkeit	Zeitnähe	Verständlichkeit
Weitere Grundsätze (IAS 1 und IAS 8)	Darstellungsstetigkeit	Stetigkeit in Bilanzierungs-/ Bewertungsmethoden		Saldierungsverbot

Tab 19: Grundsätze der Rechnungslegung in den IFRS

Damit dieses Ziel gewährleistet werden kann, sieht das Rahmenkonzept zwei wesentliche Basisannahmen (*underlying assumptions*) vor, die in IAS 1 definiert werden. Die zwei wesentlichen Basisannahmen sind:

- Basisgrundsatz der Unternehmensfortführung („going concern principle")
- Basisgrundsatz der Periodenabgrenzung („accrual basis of accounting")

Die beiden Basisgrundsätze werden im Rahmenkonzept um qualitative Anforderungen erweitert.

Das Rahmenkonzept definiert, was Vermögenswerte (Assets) und Schulden (Liabilities) sind. Im Gegensatz zum UGB und dHGB weichen die deutschen Übersetzungen von „Vermögensgegenstand" und „Verbindlichkeit" ab, da die IFRS-Begriffe in den einzelnen Standards weitergefasst werden.

Ein Vermögenswert ist eine gegenwärtige Ressource, über welche das Unternehmen Verfügungsmacht hat, die aus der Vergangenheit resultiert und aus der dem Unternehmen künftiger Nutzen zufließt. In der Regel muss der Nutzen so gut wie sicher sein, was in der IFRS-Auslegung mit einer Wahrscheinlichkeit von über 90 % beziffert wird.[64] Eventualforderungen werden nicht angesetzt.[65]

Eine Schuld ist eine gegenwärtige Verpflichtung des Unternehmens, das aus einem Ereignis der Vergangenheit resultiert, und zu deren Erfüllung wirtschaftlicher Nutzen

62 Das Rahmenkonzept unterliegt nicht dem Anerkennungsverfahren innerhalb der EU. Daher gehört es nicht zum Rechtsbestand in der EU.

63 Übersetzungen des Rahmenkonzepts vom Englischen ins Deutsche in Anlehnung an *Fischl* (2020) 7 ff.

64 Vgl Rahmenkonzept 2018, 4.3 ff; *Grünberger* (2021) 64 ff.

65 *Grünberger* (2021) 64 ff.

abfließen wird. Grundsätzlich geht man von einem Ansatz ab einer Wahrscheinlichkeit des Nutzenabflusses von mehr als 50 % aus.[66]

Eventualschulden, deren Wahrscheinlichkeit des Nutzenabflusses unter 50 % liegt, werden nicht angesetzt.[67]

4.6. Wie ist die Erstellung gemäß IFRS geregelt?

Die Bestandteile eines Abschlusses gemäß IFRS („complete set of financial statements") sind in IAS 1.10 enthalten. Die grundsätzlichen Bestandteile sind:

- **Bilanz** zum Ende der Periode („statements of financial positions as at the end of the period")
- **Gesamtergebnisrechnung** („statement of profit and loss and other comprehensive income for the period")
- **Eigenkapitalveränderungsrechnung** („statements of changes in equity for the period")
- **Kapitalflussrechnung** („statements of cash flows for the period")
- **Anhang** („notes, comprising a summary of significant accounting policies and other explanatory information"), darin angeführt Vergleichsinformationen hinsichtlich der vergangenen Periode („comparative information in respect of the proceeding period")
- Zudem besteht gemäß IFRS 8 für kapitalmarktnotierte Unternehmen die Verpflichtung zur Erstellung einer **Segmentberichterstattung**[68]

4.6.1. Die Bilanz gemäß IFRS

Die IFRS erlauben es, die Bilanz nach zwei unterschiedlichen Kriterien zu gliedern, nämlich nach Fristigkeit oder nach Liquidität der Posten, wobei die relevantere Methode anzuwenden ist.[69] Für Industrie- und Handelsunternehmen ist dies grundsätzlich eine Gliederung nach Fristigkeit. International üblich ist die Gliederung von kurzfristig nach langfristig. Die vom UGB und dHGB gewohnte Gliederung von langfristig zu kurzfristig ist möglich.

66 Vgl Rahmenkonzept 2018, 4.3 ff; *Grünberger* (2021) 64 ff.
67 Vgl Ausführungen zu Rückstellungen in Kapitel 5.7.
68 Vgl IFRS 8.
69 Vgl IAS 1.60.

Eine nach Fristigkeit gegliederte Bilanz enthält zB folgende Positionen:

Bilanzposten	Standard
Langfristiges Vermögen	
immaterielle Vermögenswerte	IAS 38
Sachanlagen	IAS 16
als Finanzinvestitionen gehaltene Immobilien	IAS 40
At-equity-Finanzanalagen	IFRS 11
biologische Vermögenswerte	IAS 41
übrige Finanzanlagen	IFRS 9
latente Steuern	IAS 12
Kurzfristiges Vermögen	
Vorräte	IAS 2
Forderungen L+L und sonstige Forderungen	IFRS 9
übrige finanzielle Vermögenswerte	IFRS 9
übrige Steuerforderungen	IAS 12
sonstige nichtfinanzielle Vermögenswerte	IAS 32
Zahlungsmittel	IFRS 9
Eigenkapital	
eingezahltes Kapital und Rücklagen	IAS 32
Minderheitenanteile	IAS 27
Langfristiges Fremdkapital	
langfristige finanzielle Verbindlichkeiten	IFRS 9
langfristige Rückstellungen	IAS 37/IAS 19
Schulden, die in Veräußerungsgruppen enthalten sind	IFRS 5
latente Steuern	IAS 12
Kurzfristiges Fremdkapital	
Verbindlichkeiten L+L und sonstige	IFRS 9
übrige kurzfristige finanzielle Verbindlichkeiten	IFRS 9
kurzfristige Rückstellungen	IAS 37/IAS 19
Steuerverbindlichkeiten	IAS 12

Tab 20: IFRS-Bilanz in Anlehnung an *Steiner/Jankovic* (2017) 51–52; IAS 1.54

Die Gliederung, welche in IAS 1.54 vorgeschrieben wird, ist im Gegensatz zu den Vorschriften im dHGB und im UGB eine Mindestgliederung und somit keine verpflichtende Gliederung. In der Gliederung nach IFRS bestehen Gestaltungsspielräume, während diese im UGB und im dHGB fest vorgegeben ist.

4.6.2. Die Gesamtergebnisrechnung gemäß IFRS

Die Gesamtergebnisrechnung nach IFRS unterscheidet sich konzeptionell von der Gewinn- und Verlustrechnung nach dHGB und UGB. Die Gesamtergebnisrechnung (Statement of Comprehensive Income) besteht aus Gewinn und Verlust (Profit and Loss) sowie dem sonstigen Gesamtergebnis (Other Comprehensive Income oder OCI). Die beiden Bestandteile können in einem (*single statement approach*) oder zwei Berichten dargestellt (*two statement approach*) werden, was auf das Gesamtergebnis jedoch keinen Einfluss hat, sondern lediglich die optische Präsentation betrifft.[70] Eine Darstellung der Mittelverwendung (Rücklagenbewegungen) ist nicht vorgesehen. Da IFRS-Abschlüsse üblicherweise Konzernabschlüsse sind, die keine Ausschüttungsbemessungsfunktion haben, werden Rücklagen und Bilanzgewinn meistens gemeinsam dargestellt.

Das sonstige Gesamtergebnis entspricht keinem außerordentlichen Ergebnis – ein solches ist, wie auch im UGB und im dHGB, in den IFRS untersagt.[71] Das sonstige Gesamtergebnis fasst Transaktionen zusammen, die gemäß den Einzelregelungen in den IFRS erfolgsneutral, somit nicht im Gewinn und Verlust, sondern direkt in einer Neubewertungsrücklage im Eigenkapital zu erfassen sind. Konzeptionell besteht keine einheitliche Richtlinie, welche Transaktionen im sonstigen Gesamtergebnis zu erfassen sind. Stattdessen wird dies in den einzelnen Standards geregelt. Eine gesammelte Übersicht in den IFRS ist nicht vorhanden.

Zumeist beziehen sich im sonstigen Gesamtergebnis zu erfassende Transaktionen auf Wertveränderungen von Vermögenswerten und Schulden, die nicht durch die betriebliche Tätigkeit hervorgerufen werden, oder nicht realisierte Erträge und Aufwendungen betreffen.[72]

Bestimmte Posten des sonstigen Gesamtergebnisses werden gemäß den Regelungen in den einzelnen IFRS zu einem späteren Zeitpunkt in den Gewinn und den Verlust zurück umgegliedert („recycled“), werden somit zeitlich verzögert doch ergebniswirksam.

Die Periodengewinne einer Gewinn- und Verlustrechnung im österreichischen und deutschem Recht entsprechen bei langer Betrachtungsweise der Summe der Zahlungsüberschüsse. Dieses Konzept wird als „clean surplus concept“ bezeichnet. Im Gegensatz hierzu gleicht die Erfolgskonzeption der IFRS eher den „dirty surplus concept“. Neben der erfolgswirksamen Erfassung von Aufwendungen und Erträgen existiert auch eine erfolgsneutrale Erfassung, die nicht im Gewinn und im Verlust abgebildet wird.[73]

70 Vgl IAS 1.81A ff.
71 Vgl IAS 1.87.
72 Vgl *Baumüller/Kreuzer* (2014) 78.
73 Vgl *Coenenberg/Haller/Schultze* (2021) 540.

Das Gesamtergebnis in der Bilanzanalyse zu vernachlässigen oder generell zu eliminieren ist grundsätzlich nicht zu empfehlen, wenn nicht eine bewusste Bereinigung einzelner Sachverhalte durchgeführt wird.

Wie auch bei der Bilanz enthalten die Regelungen des IAS nur Mindestgliederungsvorschriften der Gesamtergebnisrechnung, die in der Praxis um weitere Angaben ergänzt werden muss.

Gemäß IAS 1.82 sind zumindest die folgenden Inhalte anzuführen:

- Umsatzerlöse
- Finanzierungsaufwendungen
- Gewinn- oder Verlustanteil von assoziierten Unternehmen und Gemeinschaftsunternehmen, die nach der At-Equity-Methode bilanziert werden
- Steueraufwendungen
- Ergebnis von aufgegebenen Geschäftsbereichen nach IFRS 5

Gemäß IAS 1.82A ist das sonstige Ergebnis aufzugliedern in:

- Posten, die nicht zu einem späteren Zeitpunkt in den Gewinn oder Verlust umgegliedert werden
- Posten, die zu einem späteren Zeitpunkt in den Gewinn oder Verlust umgegliedert werden

Für die Darstellung der Gesamtergebnisnachrechnung kann vergleichbar zum UGB und zum dHGB eine Aufgliederung der Erträge und Aufwendungen nach dem Umsatzkostenverfahrens oder nach dem Gesamtkostenverfahren erfolgen. Beide Verfahren sind hierbei gleichrangig. Zu beachten ist, dass bei der Auswahl des Umsatzkostenverfahrens zusätzliche Angaben über die Art der Aufwendungen im Anhang notwendig sein können, unter anderem im Bereich der Personalaufwendungen und Abschreibungen.[74]

Nach IAS 1.102 besteht eine Gliederung zum Gesamtkostenverfahren zumindest aus folgenden Posten:

Umsatzerlöse	Revenue
Sonstige Erträge	Other income
Veränderung des Bestands an Fertigerzeugnissen und unfertigen Erzeugnissen	Changes in inventories of finished goods and work in progress
Aufwendungen für Roh-, Hilfs- und Betriebsstoffe	Raw materials and consumables used
Aufwendungen für Leistungen an Arbeitnehmer	Employee benefits expense
Aufwand für planmäßige Abschreibungen	Depreciation and amortisation expense
Andere Aufwendungen	Other expenses
Gesamtaufwand	Total expenses
Gewinn vor Steuern	Profit before tax

Tab 21: IFRS-Gewinn- und Verlustrechnung im Gesamtkostenverfahren

74 Vgl IAS 1.108.

Nach IAS 1.103 besteht eine Gliederung zum Umsatzkostenverfahren zumindest aus folgenden Posten:

Umsatzerlöse	Revenue
Umsatzkosten	Cost of sales
Bruttogewinn	Gross profit
Sonstige Erträge	Other income
Vertriebskosten	Distribution costs
Verwaltungsaufwendungen	Administrative expenses
Andere Aufwendungen	Other expenses
Gewinn vor Steuern	Profit before tax

Tab 22: IFRS-Gewinn- und Verlustrechnung im Umsatzkostenverfahren

In der Gesamtergebnisrechnung ist die Aufnahme von Zwischensummen möglich bzw geboten, wenn sie dem Verständnis des Abschlussadressaten dient.[75] Welche Zwischensummen einzufügen sind, ist im Gegensatz zu einem UGB-Abschluss nicht normiert. Diese Flexibilität eröffnet Spielraum für Pro-forma-Kennzahlen. Eine gängige Pro-forma-Kennzahl ist das EBIT. Da es zur Berechnung von Pro-forma-Kennzahlen keine festen Regelungen in den IFRS gibt, kann sich die Berechnung von Unternehmen zu Unternehmen unterscheiden. In der Bilanzanalyse wird empfohlen, diese bei Unternehmensvergleichen grundsätzlich selbst zu ermitteln.

75 Vgl IAS 1.85.

5. Ausgewählte Unterschiede zwischen den österreichischen, den deutschen und den internationalen Rechnungslegungsstandards

Abschlüsse nach IFRS unterscheiden sich in ihrer Zielsetzung von UGB- und dHGB-Abschlüssen. IFRS-Abschlüsse verfolgen das Ziel, Investoren entscheidungsrelevante Informationen zu liefern. UGB- und dHGB-Abschlüsse verfolgen neben einer Informationsfunktion auch eine Ausschüttungsbemessungsfunktion und eine steuerliche Ergebnisbemessungsfunktion. Sie sind vom Vorsichtsprinzip geprägt, um die Gläubiger vor zu hohen Ausschüttungen aus dem Bilanzgewinn der Gesellschaft an die Eigentümer zu schützen. Abschlüsse nach IFRS sind mit UGB und dHGB grundsätzlich nicht direkt vergleichbar.

5.1. Grundlagen und Zielsetzung der Rechnungslegungsstandards

Im Rahmen einer kompakten Übersicht über Bilanzanalyse für Einsteiger können wir keine vollständige und detaillierte Darstellung der Bilanzierungsregeln inklusive Vergleich zwischen UGB, dHGB und IFRS präsentieren. Wir verweisen hierfür auf weiterführende Lehrbücher, wie etwa:

- *Coenenberg/Haller/Schultze*, Jahresabschluss und Jahresabschlussanalyse, Schäffer Poeschel
- *Fischl*, IFRS versus UGB, 2. Auflage 2020, Linde Verlag
- *Amtrup/Hirschböck/Kerschbaumer*, IFRS für Führungskräfte, 4. Auflage 2023, Linde Verlag
- *Steiner/Jankovic*, UGB vs IFRS. Der Jahresabschluss im Vergleich, Manz

IFRS-Abschlüsse können ohne eine Überleitungsrechnung kaum direkt überbetrieblich mit einem UGB- und dHGB-Abschluss verglichen werden. Zur Erstellung einer Überleitungsrechnung sind in der Regel neben fundiertem Rechnungslegungs-Know-how auch interne Informationen erforderlich.

Sowohl dHGB- als auch UGB-Jahresabschlüsse erfüllen neben der Informationsfunktion ebenso eine Ausschüttungsbemessungsfunktion sowie eine steuerliche Bemessungsfunktion. Ein IFRS-Abschluss zielt vorwiegend darauf ab, entscheidungsrelevante Informationen für Investoren zur Verfügung zu stellen. Die dargestellte Vermögens-, Finanz- und Ertragslage soll den tatsächlichen Verhältnissen entsprechen, der Abschluss soll entscheidungsrelevante Informationen bieten. In dHGB- und UGB-Abschlüssen soll ein möglichst getreues Bild der Vermögens-, Finanz- und Ertragslage dargestellt werden, unter Berücksichtigung der Grundsätze ordnungsgemäßer Buchführung. Sowohl im österreichischen Unternehmensrecht als auch im deutschen Handelsrecht wird das Vorsichtsprinzip stark gewichtet. Der Grundsatz der Vorsicht führt dazu, dass die Aktivseite im Vergleich zum IFRS tendenziell niedriger, die Passivseite tendenziell höher zu bewerten ist. Das Vorsichtsprinzip zielt insbesondere auf den Schutz der Gläubiger der Gesellschaft ab. Damit einhergehend gibt das imparitätische Realisationsprinzip vor, dass nur am Abschlussstichtag verwirklichte Gewinne auszuweisen sind, erkennbare Risiken und drohende Verluste jedoch zu berücksichtigen sind, wenn diese im Geschäftsjahr oder früheren Geschäftsjahren entstanden sind. In den IFRS hat das Vorsichtsprinzip eine untergeordnete Rolle. Die Informationsfunktion des Abschlusses und damit eine den tatsächlichen Verhältnissen entsprechende Darstellung für alle Adressaten ist das übergeordnete Ziel. Allgemein ist der Begriff „Vermögenswert" in den IFRS bereits breiter gefasst als im UGB und im dHGB der Begriff „Vermögensgegenstand".[76]

Kurz zusammenfassen lassen sich folgende wesentliche Unterschiede zwischen UGB/dHGB und IFRS:

- Während UGB und dHGB Wahlrechte bieten, geben die IFRS einen engeren Regelungsrahmen vor. Die Bewertungsmethoden in den IFRS erfordern andererseits tendenziell mehr Ermessensentscheidungen im Vergleich zu UGB und dHGB.
- IFRS-Notes zu Abschlüssen sind umfangreicher als Anhänge nach UGB und dHGB, um den Adressaten entscheidungsrelevante Informationen zu bieten sowie über Ermessensspielräume zu informieren.
- Für IFRS-Abschlüsse bestehen nur Mindestgliederungsvorschriften, während für UGB- und dHGB-Abschlüsse Gliederungsschemata gesetzlich vorgegeben sind. Auch wenn Abschlussposten ähnlich heißen, können sich Ansatz und Bewertungskriterien wesentlich unterscheiden, so unter anderem der Ansatz von selbst erstellten immateriellen Vermögenswerten in den IFRS im Vergleich zu UGB und dHGB. Entwicklungsaufwendungen sind in den IFRS unter bestimmten Voraussetzungen zu aktivieren, im UGB herrscht ein Aktivierungsverbot, im dHGB ein Aktivierungswahlrecht, soweit die erforderlichen Voraussetzungen erfüllt sind. Firmenwerte werden im UGB und im dHGB über eine Nutzungsdauer abgeschrieben, in den IFRS nicht laufend abgeschrieben, sondern wertgemindert, wenn der beizulegende Zeitwert unter dem Buchwert liegt („impairment only approach").
- Abhängig von dem zu bewertenden Vermögenswert oder der Schuld ist in den IFRS nicht nur das aus der Rechnungslegung nach UGB oder dHGB bekannte „Anschaffungskostenmodell" möglich, in dem die Anschaffungskosten vereinfacht gesagt durch Abschreibungen über die Nutzungsdauer verteilt werden, sondern auch das „Neubewertungsmodell" möglich oder je nach Sachverhalt vorgeschrieben, in dem eine regelmäßige Bewertung zum Fair Value erfolgt. Während in UGB- und dHGB-Abschlüssen Anlagevermögen grundsätzlich nicht über die historischen Anschaffungskosten aufzuwerten ist, werden im IFRS-Abschluss bestimmte Vermögenswerte und Schulden mit dem Fair Value (beizulegender Zeitwert) bewertet (zur Definition siehe weiter unten im Kapitel). Eine Bewertung über den historischen Anschaffungskosten kann das Ergebnis sein, zB bei vermieteten Gebäuden oder zum Verkauf bestimmten Finanzinstrumenten. Durch die Verwendung des Fair Value können Buchwerte langfristiger Vermögenswerte im Zeitablauf in IFRS-Abschlüssen volatiler sein als in einem UGB- und dHGB-Abschluss. Kurzfristige Marktwertänderungen sind in einem IFRS-Abschluss – sowohl werterhöhend als auch wertmin-

76 Vgl IAS 1.15, § 201 Abs 2 Z 4 UGB, § 252 Abs 1 Z 3 dHGB.

dernd – abzubilden, während die Anschaffungs-/Herstellungskosten von Anlagevermögen im UGB und im dHGB in der Regel linear über die Nutzungsdauer verteilt abgeschrieben werden und grundsätzlich nur bei dauerhafter Wertminderung außerordentlich abgeschrieben werden.

- Erlöse aus langfristigen Verträgen werden in IFRS-Abschlüssen früher als in UGB- oder dHGB-Abschlüssen realisiert. Teilgewinnrealisierung ist unter bestimmten Bedingungen im IFRS-Abschluss verpflichtend durchzuführen, während dHGB und UGB die „Completed Contract Method" verfolgen – nur nach dem Gefahrenübergang darf ein Ertrag realisiert werden. Demgegenüber sagt das imparitätische Realisationsprinzip im UGB und im dHGB aus, dass Verluste aus langfristigen Aufträgen bereits im Abschluss abzubilden sind, wenn sie wahrscheinlich werden.
- In IFRS-Abschlüssen sind beim Leasingnehmer auch Operating-Leasing-Verträge als Vermögenswert und Leasingschuld „on-balance" abzubilden, während in UGB- und dHGB-Abschlüssen nur Finance-Leasing-Verträge in der Bilanz abzubilden sind.
- Rückstellungen für ungewisse Verbindlichkeiten werden in IFRS-Abschlüssen nur angesetzt, wenn die Inanspruchnahme überwiegend wahrscheinlich ist. Aufwandsrückstellungen sind in IFRS-Abschlüssen verboten. Dahingehend sind im UGB grundsätzlich Aufwandsrückstellungen möglich bzw unter Umständen vorgeschrieben. In dHGB-Abschlüssen können Aufwandsrückstellungen für bestimmte Fälle gebildet werden.

Aufgrund zunehmender europäischer Harmonisierung und auch ähnlichen historischen Wurzeln bestehen nur einzelne Unterschiede zwischen dHGB und UGB. Die Richtlinie 2013/34/EU des Europäischen Parlaments und des Rates vom 26.6.2013 wurde am 29.6.2013 im Amtsblatt der Europäischen Union veröffentlicht und musste von den Unionsmitgliedstaaten bis zum 20.7.2015 in nationales Recht umgesetzt werden. Im österreichischen Recht erfolgte dies durch das Rechnungslegungs-Änderungsgesetz 2014 (RÄG 2014). Im deutschen Recht erfolgte die Umsetzung durch das Bilanzrichtlinie-Umsetzungsgesetz (BilRUG)

Auf relevante Unterschiede wird im folgenden Kapitel näher eingegangen, um Basisverständnis für die Abschlussanalyse zu bieten.

Zwei für das Verständnis der IFRS bedeutende Begriffe werden gleich zu Beginn erläutert:

Der **Fair Value** bzw **beizulegende Zeitwert** entspricht gemäß IFRS 13.9 dem Preis, *„der in einem geordneten Geschäftsvorfall zwischen Marktteilnehmern am Bemessungsstichtag für den Verkauf eines Vermögenswerts eingenommen bzw für die Übertragung einer Schuld gezahlt würde"*. Der Wert ist somit ein Exit-Preis. Als zugrunde liegender Markt gilt hier der Hauptmarkt, es sei denn, das Unternehmen kann auf einem anderen Markt einen vorteilhafteren Preis erzielen.

Da der Fair Value sowohl bei der Erst- als auch der Folgebewertung von Vermögenswerten und Schulden eine wesentliche Rolle spielt, ergeben sich in IFRS-Abschlüssen volatilere Buchwerte als in UGB- oder dHGB-Abschlüssen.

„**Impairment Tests**", also **Wertminderungsprüfungen**, werden bei Verdacht auf eine Wertminderung (**Triggering Event**) oder bei bestimmten Vermögenswerten verpflichtend jährlich durchgeführt, um die Werthaltigkeit von Vermögensgegenständen zu überprüfen. Für immaterielle Vermögensgegenstände, denen keine Nutzungsdauer zugrunde liegt (zB Firmenwert in den IFRS), ist jährlich ein Impairment Test durchzuführen.

Bei der Wertminderungsprüfung wird der Buchwert mit dem **erzielbaren Betrag** verglichen. Letzterer ergibt sich aus dem höheren Wert des **Nettoveräußerungserlöses** (*fair value less costs of disposal*) und dem **Nutzungswert** (*value in use*). Ist der erzielbare Betrag niedriger als der Buchwert, kommt es zu einer Abwertung, welche grundsätzlich in der GuV zu erfassen ist.[77] Anders als bei der Bewertung gemäß UGB und HGB ist es unerheblich, ob die Wertminderung von Dauer oder nur kurzfristig ist. Der **Nutzungswert** wird ermittelt, indem die geschätzten künftig erzielbaren Cashflows aus der fortgesetzten Nutzung und dem schlussendlichen Abgang abgezinst werden.[78] Dies erfordert in der Praxis eine Schätzung. Kann ein erzielbarer Betrag für einen einzelnen Vermögenswert nicht ermittelt werden, ist die Basis für den Wertminderungstest die **Zahlungsmittel generierende Einheit** (**Cash-generating Unit**). Dies ist die kleinste Gruppe an Vermögenswerten, die von anderen Vermögenswerten unabhängige Cashflows erzeugt.[79] Ein typisches Merkmal für eine Cash-generating Unit ist, dass für ihre Produkte ein aktiver Markt besteht.[80] Ein Beispiel könnte eine Fabrik sein, welche unabhängig vermarktbare Produkte erzeugt.

5.2. Sachanlagevermögen

5.2.1. Anwendungsbereich

Die Bestandteile des Sachanlagevermögens nach österreichischem und deutschem Recht sind grundsätzlich identisch. Diese sind:

- Grundstücke, grundstücksgleiche Rechte und Bauten, einschließlich der Bauten auf fremdem Grund
- technische Anlagen und Maschinen
- andere Anlagen, Betriebs- und Geschäftsausstattung
- geleistete Anzahlungen und Anlagen in Bau[81]

Gemäß den IFRS umfassen Sachanlagen materielle Vermögenswerte,

- die für Zwecke der Herstellung oder der Lieferung von Gütern und Dienstleistungen, zur Vermietung an Dritte oder für Verwaltungszwecke gehalten werden und die
- erwartungsgemäß länger als eine Periode genutzt werden.[82]

Allen Rechnungslegungssystemen ist gemein, dass Anlagevermögen zur dauerhaften Verwendung im Unternehmen dient. Ist in einem IFRS-Abschluss ein langfristiger Vermögenswert oder eine Gruppe von Vermögenswerten zur Veräußerung bestimmt, müssen diese separat in der Bilanz ausgewiesen werden und sind mit dem niedrigeren Wert aus Buchwert und beizulegendem Zeitwert abzüglich Veräußerungskosten zu bewerten.[83]

77 Vgl IAS 36.59.
78 Vgl IAS 36.30.
79 Vgl IAS 36.6.
80 Vgl IAS 36.70.
81 Vgl § 224 Abs 2 UGB, § 266 Abs 2 dHGB.
82 Vgl IAS 16.6.
83 Vgl IFRS 5.1.

5.2.2. Erstbewertung

Sowohl in UGB bzw im dHGB als auch in den IFRS werden Gegenstände des Anlagevermögens mit ihren Anschaffungs- und Herstellungskosten angesetzt.

5.2.3. Anschaffungskosten

Hinsichtlich der Anschaffungskosten bestehen zwischen österreichischer und deutscher Rechnungslegung keine signifikanten Unterschiede. Konkret berechnen sich die Anschaffungskosten folgendermaßen:

	Anschaffungspreis
+	Anschaffungsnebenkosten
+	nachträgliche Anschaffungskosten
–	Anschaffungspreisminderungen
=	**Anschaffungskosten**[84]

Die Anschaffungskosten nach IFRS können vereinfacht wie folgt dargestellt werden:

	Kaufpreis
–	Kaufpreisminderung
+	direkt zurechenbare Kosten
+	Abbruch- und Wiederherstellungskosten
–	Verzinsung bei langfristigen Zahlungszielen
–	Fremdkapitalkosten nach IAS 23
=	**Anschaffungskosten**

In den Herstellungskosten gehen sowohl UGB bzw dHGB als auch die IFRS grundsätzlich von einem Vollkostenansatz aus. Dies bedeutet, dass neben zurechenbaren Einzelkosten und variablen Gemeinkosten auch angemessene Teile der fixen Gemeinkosten in die Herstellungskosten einfließen. Allgemeine, auftragsunabhängige Verwaltungskosten dürfen in den IFRS und im UGB *grundsätzlich* nicht aktiviert werden, Vertriebskosten ebenso *grundsätzlich* nicht.[85] Im dHGB dürfen angemessene Teile der allgemeinen Verwaltungskosten (wie zB Geschäftsführung) aktiviert werden, soweit sie auf den Zeitraum der Herstellung entfallen. Auskunft über die Definition der Herstellkosten, die das Unternehmen ansetzt, kann der Anhang zum Abschluss geben.

Nach österreichischem und deutschem Recht besteht ein Wahlrecht zur Aktivierung von Fremdkapitalzinsen, soweit sie auf den Zeitraum der Herstellung entfallen.[86] Bei Anwendung des Wahlrechts ist dieses im Anhang anzugeben. Im Gegensatz hierzu besteht eine Verpflichtung zur Aktivierung der Fremdkapitalzinsen gemäß IAS 23.17, sobald diese dem Zeitraum der Herstellung zuzurechnen sind. Darüber hinaus ist erfor-

84 Vgl § 203 Abs 2 UGB, § 255 Abs 1 dHGB.

85 Vgl § 255 Abs 2 dHGB, § 206 UGB für die Aktivierung von Verwaltungs- und Vertriebskosten im Umlaufvermögen.

86 Vgl § 203 Abs 4 UGB, § 255 Abs 3 dHGB

derlich, dass der Erwerb, der Bau oder die Herstellung des Vermögenswerts einen beträchtlichen Zeitraum erfordert, um diesen in einem gebrauchs- oder verkaufsfähigen Zustand zu versetzen.[87]

Wiederherstellungs- und Rekultivierungsaufwendungen sind nach IFRS bereits in den Anschaffungskosten zu erfassen[88], werden nach UGB und dHGB jedoch als Rückstellung erfasst und nicht auf das Anlagevermögen aktiviert.

5.2.4. Folgebewertung

Sowohl das UGB bzw das dHGB als auch die IFRS unterscheiden in der Folgebewertung zwischen abnutzbarem und nicht abnutzbarem Sachanlagevermögen. Insbesondere Grundstücke gelten als nicht abnutzbar, weshalb ihre Anschaffungskosten auch nicht planmäßig über die erwartete Nutzungsdauer abgeschrieben werden. Gegenstände des Sachanlagevermögens, deren Nutzung beispielsweise durch Abnutzung zeitlich beschränkt ist, sind planmäßig abzuschreiben.[89]

Eine Besonderheit der IFRS ist, dass gemäß IAS 16 für Sachanlagen das Wahlrecht zur Anwendung des Anschaffungskostenmodells oder des Neubewertungsmodells besteht. Dies ist weder im dHGB noch im UGB möglich. Das Anschaffungskostenmodell ist in der Praxis weiterverbreitet. Bei diesem wird ein Vermögenswert mit seinen Anschaffungs- oder Herstellungskosten aktiviert und unter Beachtung des Komponentenansatzes planmäßig über seine Nutzungsdauer abgeschrieben.[90] Beim Neubewertungsmodell ist eine Sachanlage mit einem Neubewertungsbetrag anzusetzen. Der Neubewertungsbetrag entspricht dem beizulegenden Zeitwert am Tag der Neubewertung abzüglich nachfolgender kumulierter planmäßiger Abschreibungen und nachfolgender kumulierter Wertminderungsaufwendungen.[91] Dies bedeutet, dass die Vermögenswerte nach IFRS auch über den historischen Anschaffungskosten bewertet werden können.

5.2.5. Komponentenansatz in den IFRS

Sowohl nach österreichischem als auch nach deutschem Recht gibt es keinen sogenannten Komponentenansatz. Dieser ist eine Besonderheit der IFRS. Beim Komponentenansatz werden wesentliche Bestandteile eines selbständigen Vermögensgegenstands einer Sachanlage mit einem bedeutsamen Anschaffungswert im Verhältnis zum gesamten Wert des Gegenstands getrennt abgeschrieben.[92] Grundsätzlich gilt der Komponentenansatz für alle Sachanlagen. Unter Berücksichtigung des Grundsatzes der Wesentlichkeit reduziert sich der Anwendungsbereich jedoch auf größere Sachanlagen wie zB Flugzeuge, bei denen die Turbinen je nach Einzelfall als getrennte Komponenten abgeschrieben werden können.

87 Vgl IAS 23.1 bis 23.8.
88 Vgl IFRIC 1.
89 Vgl § 204 Abs 1 UGB, § 253 Abs 3 dHGB, IAS 16.43ff, IAS 16. 58.
90 Vgl IAS 16.30.
91 Vgl IAS 16.31.
92 Vgl IAS 16.43.

5.2.6. Aufwendungen für Wartungen

Sowohl nach österreichischem als auch nach deutschem Recht ist die Durchführung von größeren Wartungen nicht zu aktivieren, sondern grundsätzlich als Aufwand zu erfassen. Demgegenüber sind gemäß den IFRS Aufwendungen für regelmäßige größere Wartungen, ungeachtet dessen, ob Teile ersetzt werden, zu aktivieren.[93] Hierbei bestehen für den Bilanzierenden nach IFRS größere Bewertungsfreiheiten, da in IAS 16 nicht konkret behandelt wird, ab wann eine Wartung als „regelmäßig" oder „größer" zu klassifizieren ist.

5.2.7. Abschreibungsmethoden

Nach österreichischem und deutschem Recht ist keine bestimmte planmäßige Abschreibungsmethode verpflichtend zur Anwendung vorgeschrieben. Die Anschaffungs- oder Herstellungskosten sind bei den Gegenständen des Anlagevermögens, deren Nutzung zeitlich begrenzt ist, um planmäßige Abschreibungen zu vermindern. Der Plan muss die Anschaffungs- oder Herstellungskosten auf die Geschäftsjahre verteilen, in denen der Vermögensgegenstand voraussichtlich wirtschaftlich genutzt werden kann.[94] Zudem muss die ausgewählte Abschreibungsmethode den Grundsätzen ordnungsgemäßer Buchführung entsprechen. Die folgende Auflistung stellt Abschreibungsmethoden dar, welche in der Praxis als allgemein anerkannt gelten:[95]

- linear
- geometrisch degressiv (Buchwertabschreibung)
- arithmetisch degressiv (digitale Abschreibung)
- progressiv (in äußerst seltenen Fällen)
- leistungsbezogen (Mengenabschreibung)

Die lineare Abschreibung, bei der die Anschaffungs- und Herstellungskosten mit einem gleichbleibenden Betrag auf die Nutzungsdauer verteilt werden, ist in der Praxis am häufigsten anzutreffen.

Eine Besonderheit im UGB ist die mögliche Anwendung der Halbjahresabschreibung, die zur Vermeidung von Unterschieden zum Steuerrecht angewendet werden kann. Bei der Halbjahresabschreibung wird ein Wirtschaftsgut, das im betreffenden Jahr nicht mehr als sechs Monate vom Unternehmen genutzt wird, nur zur Hälfte der gesamten Jahresabschreibung abgeschrieben.[96]

Gemäß den IFRS hat die Abschreibungsmethode dem erwarteten Verlauf des Verbrauchs des künftigen wirtschaftlichen Nutzens des Vermögenswertes durch das Unternehmen zu entsprechen.[97] Demzufolge wird keine bestimmte Abschreibungsmethode

93 Vgl IAS 16.14.
94 Vgl § 204 Abs 1 UGB, § 252 Abs 3 dHGB.
95 Vgl *Loser/Urnik/Urtz* in *Straube/Ratka/Rauter* (2022) UGB § 204 UGB Rz 11–12.
96 Vgl § 7 Abs 2 EStG.
97 Vgl IAS 16.60.

vorgegeben. In den IFRS ist jedoch eine Aufzählung von Methoden der planmäßigen Abschreibung enthalten. Diese sind:[98]

- Lineare Abschreibung
- Degressive Abschreibung
- Leistungsabhängige Abschreibung

5.2.8. Abschreibungsbeginn

Im UGB und im dHGB beginnt der Zeitraum der Abschreibung zu laufen, sobald die Anlage im betriebsbereiten Zustand ist.[99]

In den IFRS beginnt die Abschreibung eines Vermögenswertes dann, wenn er zur Verfügung steht. Er steht zur Verfügung, wenn er sich an seinem vorgesehenen Standort befindet und im vom Management beabsichtigten betriebsbereiten Zustand ist.[100]

5.2.9. Außerplanmäßige Abschreibungen

Die Regelungen zu außerplanmäßigen Abschreibungen sind im UGB bzw dHGB sowie in den IFRS ähnlich.

Nach österreichischem und deutschem Recht sind Gegenstände des Anlagevermögens bei voraussichtlich dauernder Wertminderung ohne Rücksicht darauf, ob ihre Nutzung zeitlich begrenzt ist, außerplanmäßig auf den niedrigeren am Abschlussstichtag beizulegenden Wert abzuschreiben.[101] Fällt der Grund für die außerplanmäßige Abschreibung weg (Wertaufholung), ist eine Zuschreibung zu erfassen, die jedoch höchstens die frühere außerplanmäßige Abschreibung aufholt. Die Wertaufholung kann maximal bis zu den fortgeführten Anschaffungs- und Herstellungskosten erfolgen, die unter Annahme der weiteren, ursprünglichen planmäßigen Abschreibung ermittelt werden (Wie hoch ist der Buchwert, wäre nie eine außerplanmäßige Abschreibung erfasst worden?).[102]

Für die IFRS sind in IAS 36 die Regelungen zur Wertminderung enthalten. In den IFRS werden außerplanmäßige Abschreibungen als Wertminderungsaufwand („Impairment loss") bezeichnet. Ein Wertminderungsaufwand liegt vor, wenn der erzielbare Betrag („recoverable amount") eines Vermögenswerts niedriger als sein Buchwert („carrying amount") ist.[103] Der erzielbare Betrag ist der höhere Betrag aus beizulegendem Zeitwert abzüglich der Verkaufskosten („fair value less costs to sell") und dem Nutzungswert („value in use"). Der beizulegende Zeitwert entspricht der Definition nach IFRS 13.9 und ist der Preis, der in einem geordneten Geschäftsvorfall zwischen Marktteilnehmern am Bemessungsstichtag für den Verkauf eines Vermögenswertes eingenommen bzw für die Übertragung einer Schuld gezahlt würde. Der Nutzungswert ist der Barwert der künftigen Cashflows, der voraussichtlich aus einem Vermögenswert oder einer zahlungs-

---

98 Vgl IAS 16.62.
99 Vgl *Konezny* in *Torggler* (2019) 975–976.
100 Vgl IAS 16.55.
101 Vgl § 204 Abs 2 UGB, § 253 Abs 3 Satz 4 dHGB.
102 Vgl § 253 dHGB, § 208 UGB.
103 Vgl IAS 36.59.

mittelgenerierenden Einheit abgeleitet werden kann.[104] Die Wertminderung muss im IFRS-Abschluss unabhängig davon erfolgen, ob diese nur kurzfristig ist. Die Regeln zur Zuschreibung in den IFRS sind ähnlich jenen in UGB und dHGB.

5.2.10. Geringwertige Wirtschaftsgüter

Nach österreichischem Recht dürfen Anschaffungs- oder Herstellungskosten **geringwertiger Vermögensgegenstände** des abnutzbaren Anlagevermögens im Jahr ihrer Anschaffung oder Herstellung voll abgeschrieben werden.[105] Der Begriff des geringwertigen Wirtschaftsguts ist nur im österreichischen Recht definiert. Entgegen dem österreichischen Recht kennt das deutsche Handelsrecht keine expliziten gesetzlichen Regelungen zur Behandlung von geringwertigen Anlagegütern. Auch die IFRS beinhalten keine expliziten Regelungen hinsichtlich der Behandlung von geringwertigen Wirtschaftsgütern. Das dHGB und die IFRS beinhalten jedoch Regelungen zum Wesentlichkeitsgrundsatz in der Erstellung von Abschlüssen. Im deutschen Recht und in den IFRS sind somit Sofortabschreibungen von geringwertigen Vermögensgegenständen im gleichen Jahr der Anschaffung im Rahmen des Wesentlichkeitsgrundsatzes möglich, wobei keine Wertgrenzen definiert wurden.

Somit bestehen sowohl nach österreichischem, nach deutschem als auch nach IFRS Entscheidungsspielräume, ob Gegenstände des Anlagevermögens mit niedrigem Wert aktiviert oder im Jahr der Anschaffung sofort als Aufwand erfasst werden.

5.2.11. Definition, Ansatz und Bewertung von als Finanzinvestition gehaltenen Immobilien

Als Finanzinvestition gehaltene Immobilien sind Gebäude oder Grundstücke, die zur Erzielung von Wertsteigerungen und/oder Mieteinnahmen genutzt werden.[106] Nicht umfasst sind etwa Immobilien, die im Rahmen der gewöhnlichen Geschäftstätigkeit eines Unternehmens verkauft werden. Sowohl nach österreichischem als auch nach deutschem Recht existieren keine spezifischen Regelungen hinsichtlich der als Finanzinvestitionen gehaltenen Immobilien. Diese werden analog dem Sachanlagevermögen bewertet.

Die Erstbewertung erfolgt zu Anschaffungs- oder Herstellungskosten.

Die Folgebewertung hat im IFRS-Abschluss entweder zum Fair Value oder zu fortgeschriebenen Anschaffungs- oder Herstellungskosten mit Angabe des beizulegenden Zeitwertes in den Notes zu erfolgen. Das Fair-Value-Modell und die erforderliche Angabe des Fair Values im Anschaffungskostenmodell erfordern eine regelmäßige Neubewertung dieser Immobilien. Die Neubewertungen erfordern Schätzungen, die Ermessensspielräumen unterliegen können. Das Fair-Value-Modell kann zu einer wesentlichen

104 Vgl IAS 36.6.

105 Vgl § 204 Abs 1a UGB iVm § 13 EStG. Die Geringwertigkeitsgrenze beträgt 2022 800 €. Ab 2023 soll der Betrag auf 1.000 € erhöht werden. Die GWG-Sofortabschreibung basiert auf den Regelungen des österreichischen Einkommensteuerrechts und wird im UGB-Abschluss akzeptiert.

106 IAS 40.5.

Volatilität der Buchwerte führen, wenn zB Immobilienpreise stark schwanken. Darüber hinaus bedeutet dies, dass in regelmäßigen Abständen Bewertungsgutachten erstellt werden müssen, die üblicherweise der Einbindung von Bewertungsexperten bedürfen.

5.2.12. Darstellung der Entwicklung des Anlagevermögens

Die Entwicklung des gesamten Anlagevermögens, inklusive immateriellen Anlagevermögens, Sachanlagevermögens und Finanzanlagevermögens, ist in einer Überleitungsrechnung des Buchwerts vom Beginn des Geschäftsjahres auf das Ende des Geschäftsjahres, dem sogenannten Anlagespiegel, im Anhang oder als Beilage zum Anhang zu erläutern.[107]

Dieser hat folgende Informationen zu enthalten, wobei die Darstellung der Entwicklung der kumulierten Abschreibungen in der Praxis auch separat erfolgen kann:'

Anlagenspiegel zum 31.12.20XX

Spalte:	a	b	c	d	e	f	g	h	i	j	k	l
Bezeichnung:	AHK	+ Zugänge	- Abgänge	+/- Umb	AHK	kum Abschr	+ Abschr	- Zugänge	+/- Umb	kum Abschr	BW	BW
Zeitpunkt:	1.1.	des GJ	des GJ	des GJ	31.12.	1.1.	des GJ	des GJ	des GJ	31.12.	1.1.	31.12.
Ermittlung:					e = a + b - c +/- d					j = f + g - h +/- i	k = a - f	l = e - j

AHK = Anschaffungs- und Herstellungskosten
kum Abschr = kumulierte Abschreibungen
Umb = Umbuchungen
BW = Buchwert
GJ = Geschäftsjahr (hier beispielhaft Regelgeschäftsjahr von 1.1. bis 31.12.)

Tab 23: Anlagespiegel

Nach IFRS hat ebenso eine Überleitung des Buchwerts zu erfolgen.[108] Im Gegensatz zum UGB und zum dHGB wird in den IFRS „nur" zumindest die Nettoüberleitung des Buchwerts gefordert. Im UGB und im dHGB ist die Bruttoüberleitung der Anschaffungs- und Herstellungskosten sowie der kumulierten Abschreibungen und daraus ergebend des Buchwerts vorgesehen. In der Praxis sind jedoch auch Bruttoüberleitungen in IFRS-Abschlüssen zu finden.

Der Anlagespiegel ist wichtige Informationsgrundlage zur Ermittlung eines indirekten Cashflows – siehe dazu Kapitel 7.2.

5.3. Immaterielles Anlagevermögen

5.3.1. Anwendungsbereich

Die Bestandteile des immateriellen Sachanlagevermögens nach österreichischem Recht sind:[109]

- Konzessionen, gewerbliche Schutzrechte und ähnliche Rechte und Vorteile sowie daraus abgeleitete Lizenzen
- Geschäfts(Firmen)wert
- geleistete Anzahlungen

107 Vgl § 226 Abs 1–4 UGB, § 284 Abs 3 dHGB.
108 Vgl IAS 16.73 lit e und IAS 38.118 lit e.
109 Vgl § 224 Abs 2 UGB.

Das deutsche Recht unterscheidet sich vom österreichischem dahingehend, dass zusätzlich selbst geschaffene immaterielle Vermögensgegenstände des Anlagevermögens, mit der Ausnahme von Marken, Drucktitel, Verlagsrechten, Kundenlisten und vergleichbaren Vermögensgegenständen aktiviert werden dürfen.[110]

Gemäß den Definitionen der IFRS handelt es sich bei einem immateriellen Vermögenswert um einen identifizierbaren, nicht monetären Vermögenswert ohne physische Substanz.[111] IAS 38 regelt, dass immaterielle Vermögenswerte nur angesetzt werden dürfen, wenn diese identifizierbar sind und künftigen wirtschaftlichen Nutzen stiften. Identifizierbar bedeutet, dass der Vermögenswert getrennt verkauft oder anders übertragen werden kann oder auf gesetzlich oder vertraglich durchsetzbarem Recht basiert, wie etwa auf Patenten. Künftiger wirtschaftlicher Nutzen kann in Form von Erlösen oder Kosteneinsparungen resultieren. Entwicklungskosten sind als Vermögenswert anzusetzen, wenn bestimmte Voraussetzungen vorliegen. Entgegen dem dHGB besteht eine Ansatzpflicht, die jedoch auf der betriebsinternen Dokumentation aufbaut. Dies ermöglicht einen gewissen Gestaltungspielraum in der Praxis. Forschungskosten dürfen nicht aktiviert werden.[112]

5.3.2. Selbsterstellte immaterielle Vermögenswerte

Nach österreichischem Recht ist der Ansatz von selbsterstellten immateriellen Vermögenswerten explizit verboten. Immaterielle Gegenstände des Anlagevermögens, die nicht entgeltlich erworben wurden, dürfen nicht aktiviert werden.[113] Somit sind im österreichischem Recht weder eigene Forschungs- noch Entwicklungsaufwendungen aktivierungsfähig. Im deutschen Recht besteht gemäß § 248 Abs 2 dHGB ein Wahlrecht hinsichtlich der Aktivierung von selbsterstelltem immateriellem Anlagevermögen. Nicht angesetzt werden dürfen selbst geschaffene Marken, Drucktitel, Verlagsrechte, Kundenlisten oder vergleichbare immaterielle Vermögensgegenstände des Anlagevermögens. Diese dürfen nur angesetzt werden, wenn sie von Dritten entgeltlich erworben wurden. Des Weiteren besteht durch § 255 Abs 2 Satz 4 dHGB ein explizites Aktivierungsverbot für Forschungskosten. Ist eine Differenzierung zwischen den Forschungs- und den Entwicklungskosten durch entsprechende Dokumentation im Unternehmen möglich, so können Entwicklungskosten aktiviert werden.[114] Gemäß IFRS besteht für Entwicklungskosten bei Vorliegen von Voraussetzungen eine Pflicht zum Ansatz. Auch im IFRS-Abschluss dürfen Kosten der Forschungsphase nicht aktiviert werden.

Zur Prüfung, ob die Kriterien zum Ansatz von Entwicklungskosten vorliegen, ist zwischen Forschungs- und Entwicklungsphase zu unterscheiden. In der Forschungsphase ist der zukünftige wirtschaftliche Nutzen lediglich sehr schwer nachweisbar. Deshalb darf in dieser Phase keine Aktivierung erfolgen.[115] Somit besteht für die Forschungsphase ein Ansatzverbot. Demgegenüber besteht für die Entwicklungsphase, unter Erfüllung

110 Vgl § 248 Abs 2, § 266 Abs 2 dHGB.
111 Vgl IAS 38.8.
112 Vgl IAS 38.11, IAS 38.17.
113 Vgl § 197 Abs 2 UGB.
114 Vgl § 255 Abs 2a dHGB.
115 Vgl IAS 38.54.

bestimmter Voraussetzungen, eine Aktivierungspflicht.[116] Da der Übergang zwischen der Forschungs- und der Entwicklungsphase auf Basis von unternehmensinternen Dokumenten oder Einschätzungen erfolgt, besteht in der Praxis ein großer Ermessensspielraum.

5.3.3. Folgebewertung

Die Folgebewertung von immateriellem Anlagevermögen ist im UGB bzw dHGB ähnlich zum Sachanlagevermögen. In den IFRS ist wiederum die Folgebewertung zu fortgeschriebenen Anschaffungs- und Herstellungskosten möglich, so wie die Bewertung zum beizulegenden Zeitwert im Neubewertungsmodell, wobei dies nur zulässig ist, wenn ein aktiver Markt für den Vermögenswert existiert.[117]

Eine Besonderheit besteht beim entgeltlich erworbenen Firmenwert. Sowohl im UGB als auch im dHGB erfolgt eine laufende Abschreibung. Ist die Nutzungsdauer nicht verlässlich ermittelbar, wird der Firmenwert auf eine Nutzungsdauer von zehn Jahren abgeschrieben.[118] In den IFRS ist das „Impairment only"-Modell umgesetzt. Immaterielle Vermögensgegenstände mit unbestimmter Nutzungsdauer sind jährlich im Rahmen eines Wertminderungstest auf Wertberichtigungsbedarf zu testen.[119] Liegt der Fair Value unter dem Buchwert, ist eine Wertminderung vorzunehmen. Der Firmenwert darf nicht über seine Anschaffungskosten aufgewertet werden. Ebenso dürfen nach einer Wertminderung keine Wertaufholungen mehr erfasst werden.[120]

5.3.4. Leasing und Miete

Die Bezeichnung eines Vertragsverhältnisses als Leasing, Miete oder Pacht hat keine Auswirkung auf dessen Beurteilung in der Rechnungslegung (Substance over Form bzw wirtschaftlicher Gehalt). Nicht die zivilrechtliche Eigentumszuordnung ist für die Bilanzierung relevant, sondern das wirtschaftliche Eigentum.

Während in einem IFRS-Abschluss der Leasingnehmer gemietete Vermögenswerte grundsätzlich aktiviert sowie die damit einhergehende Schuld passiviert,[121] hängt die bilanzielle Behandlung im UGB und im dHGB vom Übergang der Chancen und Risiken ab. Nur beim Finanzierungsleasing erfolgt die Erfassung des Leasinggutes und der Leasingverbindlichkeit in der Bilanz.

Die Zuordnungskriterien sind im deutschen und im österreichischen Recht ähnlich. Sie sind weder im UGB noch im dHGB offen angeführt. Nach beiden Regelwerken folgt die Bilanzierung nicht dem zivilrechtlichen Eigentum, sondern der wirtschaftlichen Zuordnung des Vermögensgegenstandes.[122] Die konkreten Zuordnungskriterien folgen aus

116 Vgl IAS 38.57.
117 Vgl IAS 38.72.
118 Vgl § 203 Abs 5 UGB, § 253 Abs 3 dHGB.
119 Vgl IAS 36.10.
120 Vgl IAS 36.124.
121 Vgl IFRS 16.
122 Vgl § 196a UGB, der auf den wirtschaftlichen Gehalt der Transaktion abstellt. Vgl § 246 Abs 1 Satz 2 dHGB, der auf das wirtschaftliche Eigentum abstellt.

steuerrechtlichen Regelungen, die in Österreich und Deutschland ähnlich sind.[123] Nach österreichischem Recht erfolgt die bilanzielle Erfassung des Leasingobjekts beim wirtschaftlichen Eigentümer. Ähnlich geregelt ist dies im deutschen Recht.[124] Dabei muss zwischen operativem Leasing und Finanzierungsleasing unterschieden werden. Beim Finanzierungsleasing handelt es sich um ein Leasingverhältnis, bei dem alle wesentlichen Chancen und Risiken (Investitionsrisiko) auf den Leasingnehmer übertragen werden. Die bilanzielle Abbildung ist ähnlich wie bei einem Ratenkauf. Deshalb bilanziert der Leasingnehmer das Anlagevermögen sowie die Leasingverbindlichkeit. Statt laufender Leasingaufwendungen werden in der Gewinn- und Verlustrechnung die laufenden Abschreibungen des geleasten Vermögensgegenstandes, die Zinsaufwendungen für die Leasingverbindlichkeit sowie in der Bilanz die Tilgungen der Leasingverbindlichkeit erfasst. Beispiele für Sachverhalte, bei denen das Leasinggut dem Leasingnehmer wirtschaftlich zuzuordnen ist: wenn die Übertragung des Eigentums am Ende der Laufzeit an den Leasingnehmer zu einem wirtschaftlich nicht angemessenen günstigen Preis erfolgt oder wenn die Laufzeit des Leasingverhältnisses den überwiegenden Teil der Nutzungsdauer umfasst. Liegt keine Übertragung aller wesentlichen Chancen und Risiken vor, so handelt es sich um operatives Leasing. Der Leasingnehmer bilanziert weder das Anlagevermögen noch die Leasingverbindlichkeit in der Bilanz, sondern erfasst die laufenden Miet-/Leasingaufwendungen in der Gewinn- und Verlustrechnung. Für die künftigen Verpflichtungen aus den geleasten Vermögensgegenständen haben mittelgroße und große Kapitalgesellschaften gemäß UGB und dHGB eine Angabe im Anhang über die Aufwendungen der Folgejahre machen.[125] Diese Angabe kann im Zuge der Bilanzanalyse auch für Bereinigungen genutzt werden.

Die bilanzielle Behandlung von Leasingverträgen nach IFRS richtet sich nach der Beherrschung eines Leasinggegenstands, nicht jedoch nach dem zivilrechtlichen Eigentum. Gemäß IFRS 16 liegt ein Leasingvertrag vor, wenn das Recht eingeräumt wird, die Nutzung eines bestimmten Vermögenswertes über einen festgelegten Zeitraum gegen Entgelt zu bestimmen. Beim Leasingnehmer wird zum Zeitpunkt der Nutzungsüberlassung des Vermögenswertes eine Schuld verbucht sowie der geleaste Vermögenswert angesetzt. Die Regelungen des IFRS 16 führen dazu, dass Leasinggüter in IFRS-Abschlüssen häufiger zu aktivieren sind als in Abschlüssen, die nach UGB oder dHGB erstellt werden. Darüber hinaus sind die Aufwendungen für bezogene Leistungen bzw der sonstige betriebliche Aufwand – je nachdem, wo die Mietaufwendungen erfasst werden – in einem IFRS-Abschluss niedriger als bei Operating Leasing in einem UGB/dHGB-Abschluss. Dagegen werden in einem IFRS-Abschluss sowohl die Aufwendungen für die Abschreibungen des geleasten Vermögenswertes als auch die Zinsaufwendungen für die Leasingverbindlichkeit in der Gewinn- und Verlustrechnung erfasst. In einem UGB/dHGB-Abschluss ist dies nur bei Finanzierungsleasing der Fall. Das EBITDA wird bei Operating Leasing tendenziell in UGB- und dHGB-Abschlüssen niedriger ausfallen als in einem IFRS-Abschluss.

123 Vgl für Österreich die EStR Rz 135 ff, für Deutschland die Leasingerlässe.
124 Vgl § 246 Abs 1 Satz 2 dHGB.
125 Vgl § 238 Abs 1 Z 14 UGB, § 285 Z 3–3a dHGB.

5.4. Vorräte

5.4.1. Anwendungsbereich

Nach österreichischem Recht sind Vorräte:

- Roh-, Hilfs- und Betriebsstoffe
- unfertige Erzeugnisse
- fertige Erzeugnisse und Waren
- noch nicht abrechenbare Leistungen
- geleistete Anzahlungen[126]

Nach deutschem Recht sind Vorräte:

- Roh-, Hilfs- und Betriebsstoffe
- unfertige Erzeugnisse, unfertige Leistungen
- fertige Erzeugnisse und Waren
- geleistete Anzahlungen[127]

Nach den IFRS sind Vorräte Vermögenswerte, die

- zum Verkauf im normalen Geschäftsgang gehalten werden,
- sich in der Herstellung für einen solchen Verkauf befinden oder
- als Roh-, Hilfs- und Betriebsstoffe dazu bestimmt sind, bei der Herstellung oder der Erbringung von Dienstleistungen verbraucht zu werden.[128]

Zwischen österreichischem und deutschem Recht gibt es grundsätzlich wenige Unterschiede in diesem Bereich. Relevant sind Unterschiede hinsichtlich der Aktivierung von Verwaltungskosten (siehe folgende Seiten).

Während das Vorratsvermögen in den IFRS vorwiegend von der Seite des Absatzmarktes bewertet wird, erfolgt dies im UGB und im dHGB grundsätzlich auch von der Seite des Beschaffungsmarktes aus, wobei das strenge Niederstwertprinzip gilt.

5.4.2. Bewertung und Ansatz

In der Bewertung des Vorratsvermögens gilt sowohl im österreichischen als auch im deutschen Recht das strenge Niederstwertprinzip. Am Abschlussstichtag ist eine Abschreibung vorzunehmen, wenn der Markt- oder Börsepreis niedriger ist als der Wert, zu dem die Vermögensgegenstände zu Buche stehen. Wenn ein Marktpreis oder Börsekurs nicht feststellbar ist, so ist der beizulegende Wert im Unternehmen heranzuziehen.[129] Zur Bewertung der Vorräte sind grundsätzlich sowohl der Beschaffungs- als auch der Absatzmarkt relevant.

Nach den IFRS erfolgt die Bewertung der Vorräte am Abschlussstichtag mit dem niedrigeren Wert aus Anschaffungs- oder Herstellungskosten und dem Nettoveräußerungs-

126 Vgl § 224 Abs 2 UGB.

127 Vgl § 266 Abs 2 dHGB.

128 Vgl IAS 2.6.

129 Vgl § 207 UGB, § 253 Abs 4 dHGB. Der beizulegende Wert ist der Wert unter Annahme der Unternehmensfortführung, wenn das Unternehmen die Vorräte also im geregelten Geschäftsgang verkauft oder verwertet.

wert. Der Nettoveräußerungswert ist vom vorteilhaftesten Markt für das Unternehmen zu beurteilen und kann deshalb für das Unternehmen individuell sein. Die Bewertung der Vorräte im IFRS erfolgt daher grundsätzlich am Absatzmarkt orientiert.[130]

5.4.3. Anschaffungskosten und Herstellungskosten

Anschaffungskosten sind analog wie im Anlagevermögen definiert. Die Herstellungskosten nach dem österreichischen Gesetz lassen sich aus § 203 Abs 3 und 4 UGB entnehmen. Sie gelten gleichermaßen für das Anlage- und für das Umlaufvermögen.

	Materialeinzelkosten	Pflicht
+	Fertigungseinzelkosten	Pflicht
+	Sonderkosten der Fertigung	Pflicht
+	Angemessene Teile der Materialgemeinkosten	Pflicht
+	Angemessene Teile der Fertigungsgemeinkosten	Pflicht
=	**unternehmensrechtlicher und steuerrechtlicher Mindestansatz**	
+	Sozialaufwendungen	Wahl
+	Fremdkapitalzinsen für den Zeitraum der Herstellung	Wahl
=	**unternehmensrechtlicher und steuerrechtlicher Höchstansatz**	
	Kosten der allgemeinen Verwaltung	Verbot
	Vertriebskosten	Verbot[131]

Die Herstellungskosten nach deutschem Recht gliedern sich wie folgt:[132]

	Materialeinzelkosten	Pflicht
+	Fertigungseinzelkosten	Pflicht
+	Sondereinzelkosten der Fertigung	Pflicht
+	Materialgemeinkosten	Pflicht
+	Fertigungsgemeinkosten	Pflicht
+	Allgemeine Verwaltungskosten (anteilig auf den Zeitraum der Herstellung entfallend)	Wahl
+	Aufwendungen für soziale Einrichtungen (anteilig auf den Zeitraum der Herstellung entfallend)	Wahl
+	Fremdkapitalkosten (an bestimmte Bedingungen gebunden und anteilig auf den Zeitraum der Herstellung entfallend)	Wahl
	Sondereinzelkosten des Vertriebs	Verbot
	Vertriebskosten	Verbot
	Forschungskosten	Verbot

130 Vgl IAS 2.7.
131 Zu Ausnahme Vgl § 206 Abs 3 UGB bzw siehe weiter unten.
132 Vgl § 255 dHGB.

Die Herstellungskosten gemäß IAS 2 setzen sich folgendermaßen zusammen:

+	Materialeinzelkosten	Pflicht
+	Fertigungseinzelkosten	Pflicht
+	Sondereinzelkosten der Fertigung	Pflicht
+	Materialgemeinkosten	Pflicht
+	Fertigungsgemeinkosten	Pflicht
+	Verwaltungskosten des Material- und Fertigungsbereiches	Pflicht, soweit produktionsbezogen
+	Aufwendungen für freiwillige Sozialleistungen	Pflicht, soweit produktionsbezogen
+	Aufwendungen für Sozialeinrichtungen des Betriebes	Pflicht, soweit produktionsbezogen
+	Aufwendungen für die betriebliche Altersvorsorge	Pflicht, soweit produktionsbezogen
+	Fremdkapitalkosten	grundsätzlich Pflicht (vgl IAS 23)
	Kosten der allgemeinen Verwaltung	Verbot
	Vertriebskosten	Verbot

Aus den dargelegten Übersichten zu den Herstellungskosten lassen sich zusammenfassend folgende Kernaussagen herleiten.

- Ein Ansatz von Vertriebskosten ist nach UGB, dHGB und IFRS unzulässig.
- Ein Ansatz von allgemeinen Verwaltungskosten ist gemäß UGB und IFRS grundsätzlich verboten. Nach dem dHGB besteht hier ein Wahlrecht unter der Bedingung, dass die allgemeinen Verwaltungskosten anteilig auf den Zeitraum der Herstellung entfallen sind. Nach österreichischem Recht können nur in Ausnahmefällen Verwaltungs- und Vertriebskosten aktiviert werden.
- Für langfristige Fertigungsaufträge, die länger als zwölf Monate dauern, dürfen nach dem UGB in Ausnahmefällen angemessene Teile der Verwaltungs- und Vertriebskosten angesetzt werden, wofür es jedoch enge Voraussetzungen gibt: Hierfür muss eine verlässliche Kostenrechnung vorliegen, um die Datenbasis der zu aktivierenden zurechenbaren Aufwendungen zu ermitteln. Zudem dürfen aus der weiteren Auftragsabwicklung keine Verluste drohen. Bei erwarteten Verlusten ist eine Aktivierung der Verwaltungs- und Vertriebskosten ausgeschlossen. Die Aktivierung darf überdies nur erfolgen, wenn anders – etwa durch zusätzliche Angaben im Anhang – kein getreues Bild der Vermögens-, Finanz- und Ertragslage sichergestellt werden kann.[133]
- Nach österreichischem und deutschem Recht dürfen Zinsen für Fremdkapital aktiviert werden, wenn diese für die Finanzierung der Herstellung von Gegenständen verwendet werden und auf den Zeitraum der Herstellung entfallen.[134] Gemäß IAS 23 müssen Fremdkapitalzinsen bei Vorliegen der Voraussetzungen aktiviert werden.

133 Vgl § 206 Abs 3 UGB.

134 Vgl § 203 Abs 4 UGB, 255 Abs 3 dHGB.

Diese betreffen insbesondere, dass ein qualifizierter Vermögenswert vorliegt, dessen Erwerb, Bau oder Herstellung eines beträchtlichen Zeitraums bedarf, um gebrauchs- oder verkaufsfähig zu sein.[135] Die Aktivierung der Fremdkapitalzinsen beginnt gemäß IAS 23.17, wenn Ausgaben für den Erwerb oder die Herstellung des Vermögenswerts angefallen sind, Fremdkapitalkosten angefallen sind und Arbeiten begonnen haben, um den Vermögenswert für seinen beabsichtigten Gebrauch oder Verkauf vorzubereiten. Die Aktivierung der Fremdkapitalzinsen endet gemäß IAS 23.22, wenn die wesentlichen Arbeiten abgeschlossen sind.

5.4.4. Bewertungsverfahren und -methodik

Nach österreichischem und deutschem Recht sind alle Vermögensgegenstände und Schulden einzeln zu bewerten bzw anzusetzen.[136] Für gleichartige Vermögensgegenstände gibt es jedoch Ausnahmebestimmungen.[137] Gleichartige Gegenstände des Vorratsvermögens dürfen vereinfachend in Gruppen zusammengefasst werden. Dabei finden sogenannte Bewertungsvereinfachungsverfahren Anwendung.[138]

In der Praxis finden folgende zulässige Verfahren hauptsächlich Verwendung:[139]

- Realbewertungsverfahren
  - Identitätspreisverfahren
  - Gewogene oder gleitende Durchschnittspreisverfahren
- Kunstbewertungsverfahren
  - First In – First Out (FIFO)
  - Last In – First Out (LIFO)[140]
- Festwertverfahren

Nach deutschem und österreichischem Recht sind, neben dem Identitätspreisverfahren das FIFO-, das LIFO- und das Durchschnittspreis-Verfahren für die Bilanzierung zulässig.[141] Das Festwertverfahren ist im UGB und im dHGB nur bei annähernd gleichem Bilanzwert und regelmäßigem Umschlag ohne wesentliche Unterschiede zulässig – ein Praxisfall können etwa in Summe geringwertige Hilfsstoffe sein, wie etwa Schmiermittel.

In der Praxis werden nach unserer Erfahrung zumeist das Durchschnittspreisverfahren sowie das FIFO-Verfahren verwendet.

---

135 Vgl IAS 23.1–8.

136 Vgl § 201 Abs 2 Z 3 UGB; § 240 Abs 1, § 252 Abs 1 Z 3 dHGB.

137 Vgl § 209 Abs 2 UGB, § 240 Abs 4 dHGB.

138 § 209 Abs 2 Satz 3 UGB, vgl § 240 dHGB Abs 3 und 4.

139 Vgl *Coenenberg/Haller/Schultze* (2021) 244–252.

140 In zahlreichen nationalen normativen Rahmenbedingungen werden sowohl das LoFo-Verfahren (Lowest In – First Out) und das HiFo-Verfahren (Highest In – First Out) als unzulässiges Bewertungsverfahren klassifiziert. Hintergrund ist, dass durch das LoFo-Verfahren die Aktiva einer Bilanz künstlich erhöht werden kann, da die Zugänge mit den höchsten Preisen am längsten in der Bilanz abgebildet werden. Beim HiFo-Verfahren können teilweise stark überhöhte Aufwendungen entstehen, welche das zu versteuernde Einkommen eines Betriebs stark vermindern können. Hierdurch bietet sich Spielraum für Steuerpolitik durch das Unternehmen. Das HIFO- und LOFO-Verfahren sind steuerrechtlich in Österreich und Deutschland grundsätzlich nicht akzeptiert.

141 Vgl § 240 Abs 1, § 256 dHGB.

Gemäß IFRS sind die Anschaffungs- oder Herstellungskosten solcher Vorräte, die normalerweise nicht austauschbar sind, und solcher Erzeugnisse, Waren oder Leistungen, die für spezielle Projekte hergestellt und ausgesondert werden, durch Einzelzuordnung ihrer individuellen Anschaffungs- oder Herstellungskosten zu bestimmen.[142] Folglich ist das Identitätspreisverfahren anzuwenden. Für alle anderen Arten von Vorräten wird das FIFO-Verfahren, das gewogene oder das gleitende Durchschnittspreisverfahren empfohlen.[143] Das LIFO-Verfahren ist nicht zulässig. Unter bestimmten Umständen ist zudem die Anwendung der Standardkostenmethode oder der im Einzelhandel üblichen Methode zulässig.[144] Bei der im Einzelhandel üblichen Methode handelt es sich um eine „retrograde Methode". Die Vorräte werden bewertet, indem der jeweilige Rohgewinnaufschlag bzw die Bruttospanne vom vorab kalkulierten Bruttoverkaufspreis abgezogen werden.

Die Auswahl des Bewertungsverfahren kann bilanzpolitisch genutzt werden. Sind zum Bilanzstichtag nicht sämtliche Vorräte verbraucht, so führt das FIFO-Verfahren bei unterjährig gestiegenen Einkaufspreisen zu einem niedrigeren Materialaufwand. Das LIFO-Verfahren hat genau gegenteilige Auswirkung.

5.5. Finanzinstrumente

5.5.1. Anwendungsbereich

Die IFRS definieren Finanzinstrumente als einen Vertrag, der ein finanzieller Vermögenswert eines Unternehmens ist und dabei zu einer finanziellen Schuld und/oder einem Eigenkapitalinstrument bei einem anderen Unternehmen führt.[145]

Im UGB und im dHGB gibt es keine explizite Definition, außer Angabe-Vorschriften im Anhang. Praxisrelevant ist die Definition für UGB und dHGB, wonach Finanzinstrumente Vermögensgegenstände und Schulden sind, die zu Geldzahlungen oder dem Zugang bzw dem Abgang von anderen Finanzinstrumenten führen.[146] Auf spezifische Regelungen für Banken gehen wir hier nicht weiter ein. Die Bewertung von Finanzinstrumenten richtet sich im UGB und im dHGB überwiegend danach, ob ein Finanzinstrument dem Anlagevermögen oder Umlaufvermögen zuzuordnen ist. Entscheidend ist, ob der Vermögensgegenstand dauernd dem Geschäftsbetrieb dient.[147]

Finanzinstrumente im UGB und im dHGB können sein:[148]

- Anteile an verbundenen Unternehmen
- Ausleihungen an verbundene Unternehmen
- Beteiligungen
- Wertpapiere des Anlage- und Umlaufvermögens
- Sonstige Ausleihungen

142 Vgl IAS 2.23.
143 Vgl IAS 2.25.
144 Vgl IAS 2.21.
145 Vgl IAS 32.11.
146 Vgl *IDW* (2018) Rz 3, AFRAC-Stellungnahme 14 Rz 1a verweist für Österreich wiederum auf die Definition nach IAS 32.11.
147 Vgl § 198 Abs 2 UGB; AFRAC-Stellungnahme 14 Rz 12 ff; § 247 Abs 2 dHGB.
148 Vgl § 224 Abs 2 A. III UGB, § 266 Abs 2 A. III dHGB.

Verbundene Unternehmen sind grundsätzlich Mutter- oder Tochterunternehmen, die in einem Konzernabschluss einzubeziehen sind.[149]

Ausleihungen sind langfristige Finanzforderungen, die dem Geschäftsbetrieb dauerhaft dienen.[150] Das österreichische Recht geht davon aus, dass ab einer Restlaufzeit von fünf Jahren eine Ausleihung statt einer Forderung auszuweisen ist. Der Ausweis kann jedoch auch bereits bei einer kürzeren Fälligkeit über einem Jahr geboten sein, wenn die Forderung dazu gedacht ist, dem Geschäftsbetrieb dauerhaft zu dienen. Im deutschen Recht fehlt eine konkrete Laufzeit. In der Praxis ist eine Mindestlaufzeit von einem Jahr erforderlich, um statt einer Forderung eine Ausleihung auszuweisen.[151]

Beteiligungen sind Anteile an anderen Unternehmen, die dem eigenen Geschäftsbetrieb dauerhaft dienen. Somit ist eine dauerhafte Verbindung das Ziel. Widerlegbar vermutet wird eine Beteiligung ab einer Beteiligungshöhe von 20 % der Kapitalanteile an dem Unternehmen oder die Beteiligung als unbeschränkt haftender Gesellschafter an Personengesellschaften.[152]

5.5.2. Bewertung

Ausgangswert der Bewertung sind die Anschaffungskosten. Je nach Zuteilung zum Anlagevermögen oder Umlaufvermögen gilt in der Folgebewertung das strenge Niederstwertprinzip oder das gemilderte Niederstwertprinzip. Im Umlaufvermögen sind Wertminderungen auch dann zu erfassen, wenn die Wertminderung nur kurzfristig ist.[153] Im Finanzanlagevermögen können Wertminderungen dann erfasst werden, wenn die Wertminderung nicht dauerhaft ist, müssen jedoch erfasst werden, wenn sie dauerhaft ist.[154] Die Aufholung von davor durchgeführten Wertminderungen ist bei Wegfall des Grundes für die Wertminderung bis maximal zu den ursprünglichen Anschaffungskosten durchzuführen. Eine Aufwertung über die Anschaffungskosten ist nicht möglich. Unrealisierte Gewinne können damit weder nach UGB noch nach dHGB dargestellt werden. Als Vergleichsmaßstab, ob ein Vermögenswert wertgemindert ist, dient im UGB der beizulegende Zeitwert, den ein Erwerber des gesamten Unternehmens für den bestimmten Vermögensgegenstand zu zahlen bereit ist.[155] Auch nach dHGB basiert die Bewertung von Finanzinstrumenten auf dem Grundsatz der Unternehmensfortführung, soweit dieser für das jeweilige Unternehmen anwendbar ist. In der Praxis wird ein Börse- oder Marktpreis angesetzt, wenn dieser verfügbar ist.

Die Regeln zur Bewertung von Finanzinstrumenten sind in den IFRS komplexer als gemäß UGB oder dHGB. Die Bewertung richtet sich nach der Klassifizierung des Finanzinstruments in Eigen- und Fremdkapitaltitel sowie dem Geschäftsmodell, in dem das Finanzinstrument gehalten wird. Daraus resultierend wird das Finanzinstrument entweder mit dem Fair Value oder mit den fortgeschriebenen Anschaffungskosten bewertet.

149 Vgl § 189a Z 8 UGB, § 271 Abs 2 dHGB.
150 Vgl § 227 UGB, § 247 dHGB.
151 Vgl *Coenenberg/Haller/Schultze* (2021) 278.
152 Vgl § 189a Z 2 UGB, § 271 Abs 1 dHGB. Zur Pflicht, einen Konzernabschluss aufzustellen, siehe Kapitel 4.2.
153 Vgl § 206 Abs 1 UGB, § 254 Abs 4 dHGB.
154 Vgl § 204 Abs 2 UGB, § 253 Abs 3 dHGB.
155 Vgl § 189a Z 3 UGB.

Die Wertanpassungen auf den Fair Value müssen je nach Kategorisierung im Gewinn und Verlust oder im OCI erfasst werden.[156] Die Klassifizierung und Bewertung von originären und derivativen Finanzinstrumenten benötigt entsprechendes Know-how.

Im nächsten Abschnitt gehen wir, aufgrund der Praxisrelevanz, auf die Bewertung der Forderungen aus Lieferungen und Leistungen ein.

5.5.3. Forderungen aus Lieferungen und Leistungen

Forderungen aus Lieferungen und Leistungen sind Vermögensgegenstände des Umlaufvermögens und im UGB sowie im dHGB gemäß dem strengen Niederstwertprinzip zu bewerten.[157] Zweifelhafte – dubiose – Forderungen werden am Jahresende mit dem Wert angesetzt, der vermutlich eingehen wird, und durch Einzelwertberichtigung auf diesen Wert abgewertet. Eine Abschreibung erfolgt erst, wenn die Forderung als uneinbringlich gilt. Dies ist in der Praxis der Fall, wenn die Insolvenzquote feststeht.

Zusätzlich zur Einzelwertberichtigung können pauschale Wertberichtigungen erforderlich sein, um generelle Risken abzubilden. In der Praxis werden häufig pauschale Einzelwertberichtigungen gemäß Überfälligkeit der Forderungen gebildet. Die Forderungen werden je nach Überfälligkeit summiert und mit einem bestimmten Prozentsatz, welcher den Erfahrungen des Unternehmens zur Ausfallsrate entspricht, wertberichtigt.

Im UGB und im dHGB gilt grundsätzlich das Incurred Loss Model – erst wenn etwa die Forderung überfällig oder die Bonität des Kunden gemindert ist, wird die Forderung wertberichtigt.

In den IFRS gilt das Expected Credit Loss (ECL) Model. Bereits bei der Erfassung von Forderungen aus Lieferungen und Leistungen werden die erwarteten Zahlungsausfälle über die Restlaufzeit gewichtet mit der Ausfallswahrscheinlichkeit innerhalb der nächsten zwölf Monate wertberichtigt.[158]

In Hinblick auf das strenge Niederstwertprinzip wird in der Praxis häufig auch in UGB- und dHGB-Abschlüssen der ECL erfasst, wenn dieser für einen IFRS-Abschluss ermittelt wird.

5.6. Eigenkapital

Die Gliederung des Eigenkapitals im UGB und im dHGB stellt sich wie folgt dar:[159]

- Gezeichnetes Kapital (dHGB) bzw eingefordertes Nennkapital (UGB)
- Kapitalrücklagen
- Gewinnrücklagen
- Gewinnvortrag/Verlustvortrag

156 Vgl IFRS 9 für die Bewertung und IAS 32 für den Ausweis.

157 Demgegenüber werden Ausleihungen, wie oben dargestellt, gemäß dem gemilderten Niederstwertprinzip bewertet.

158 Vgl IFRS 9.5.5.15.

159 Vgl § 224 Abs 3 A UGB, § 266 Abs 3 A dHGB.

- Jahresüberschuss/Jahresfehlbetrag
  - Gewinnvortrag aus dem Vorjahr abzüglich Ausschüttungen aus dem vorjährigen Bilanzgewinn addiert um den Jahresüberschuss ergeben den in der Bilanz auszuweisenden Bilanzgewinn.
  - Verlustvortrag oder Gewinnvortrag aus dem Vorjahr zuzüglich Jahresfehlbetrag oder Jahresgewinn ergeben den in der Bilanz auszuweisenden Bilanzgewinn oder Bilanzverlust.

Im Gegensatz zum IFRS gibt es im UGB und im dHGB grundsätzlich keine erfolgsneutralen Transaktionen, die direkt im Eigenkapital erfasst werden.[160]

Im Falle von Abgrenzungsfragen zwischen Eigen- und Fremdkapital, was bei Genussrechten der Fall sein kann, zählen im UGB und im dHGB die folgenden Kriterien:[161]

- Eigenkapital muss im Insolvenzfall gegenüber anderen Kapitalgebern nachrangig sein.
- Die Vergütung für die Zurverfügungstellung von Eigenkapital (Dividende bzw Zinsen) muss erfolgsabhängig sein und auch eine Teilnahme am Verlust bis zur vollen Höhe regeln.
- Die Kapitalüberlassung muss dauerhaft sein und darf nicht befristet sein.

Eine eindeutige Gliederung von Eigenkapital fehlt in den IFRS. In der Praxis üblich ist die folgende Gliederung:[162]

- Gezeichnetes Kapital
- Kapitalrücklagen
- Währungsdifferenzen (IAS 21)
- Neubewertungsrücklage (IAS 19)
- Gewinnrücklagen

Gewinnvortrag und Jahresüberschuss, bzw Verlustvortrag und Jahresfehlbetrag, die zusammen den Bilanzgewinn oder den Bilanzverlust ergeben, werden üblicherweise nicht getrennt ausgewiesen, sondern in den Gewinnrücklagen, da ein IFRS-Konzernabschluss keine Ausschüttungsbemessungsfunktion hat.

Zwischen dHGB und UGB besteht ein Ausweisunterschied im Falle eines negativen Eigenkapitals. Ein negatives Eigenkapital resultiert, wenn die Verluste das Eigenkapital übersteigen und aufgebraucht haben. Während im UGB-Abschluss das negative Eigenkapital auf der Passivseite ausgewiesen wird, wird das negative Eigenkapital im dHGB-Abschluss als Posten „Nicht durch Eigenkapital gedeckter Fehlbetrag" am Schluss der Aktivseite ausgewiesen.[163]

In den IFRS ist ein Finanzinstrument als Eigenkapital zu klassifizieren, wenn eine vertragliche Verpflichtung zur Zahlung von flüssigen Mitteln oder zur Lieferung von anderen finanziellen Vermögenswerten fehlt. Eigenkapital begründet somit einen Residual-

160 Eine Ausnahme stellen Währungsrücklagen in Konzernabschlüssen dar.
161 Vgl Für Österreich: KFRS/RL 13; für Deutschland: IDW HFA Stellungnahme 1/94.
162 Vgl *KPMG AG* (2021) 5.
163 Vgl dHGB § 268 Abs 3.

anspruch an den Vermögenswerten eines Unternehmens nach Abzug aller dazugehörigen Schulden.[164]

Die Neubewertungsrücklage sammelt ergebnisneutral erfasste Änderungen des Eigenkapitals, die keine Kapitaleinzahlungen oder Kapitalrückzahlungen von oder an Eigentümer betreffen. Beispielsweise sind versicherungsmathematische Aufwendungen und Erträge aus der Veränderung von Pensionsrückstellungen oder Abfertigungsrückstellungen umfasst.[165]

5.7. Rückstellungen

5.7.1. Anwendungsbereich

Gemäß UGB sind Rückstellungen für ungewisse Verbindlichkeiten und drohende Verluste aus schwebenden Geschäften zu bilden, die am Abschlussstichtag wahrscheinlich oder sicher, aber hinsichtlich ihrer Höhe oder des Zeitpunktes ihres Eintrittes unbestimmt sind.[166]

Gemäß dHGB sind Rückstellungen für ungewisse Verbindlichkeiten und für drohende Verluste aus schwebenden Geschäften zu bilden.[167] Gemäß den IFRS ist eine Rückstellung eine Schuld, die bezüglich ihrer Fälligkeit oder ihrer Höhe ungewiss ist.[168]

5.7.2. Ansatz

Gemäß UGB und dHGB ist zwischen Verbindlichkeitsrückstellungen mit einer faktischen Außenverpflichtung[169] und Aufwandsrückstellungen zu unterscheiden. Für Aufwandsrückstellungen besteht im UGB grundsätzlich ein Wahlrecht, diese zu passivieren. Eine Passivierungspflicht ist nur dann gegeben, soweit dies den Grundsätzen der ordnungsgemäßen Buchführung entspricht, wobei das Vorsichtsprinzip häufiger zum Ansatz von Aufwandsrückstellungen im UGB als im dHGB und in den IFRS führt. Im dHGB dürfen Aufwandsrückstellungen nur für konkrete im Gesetz bezeichnete Sachverhalte gebildet werden: für im Geschäftsjahr unterlassene Aufwendungen, sofern diese im folgenden Geschäftsjahr innerhalb von drei Monaten erfolgen oder für Abraumbeseitigung gebildet werden, sowie für Gewährleistungen, die ohne rechtliche Verpflichtung erbracht werden.[170]

Gemäß den IFRS existieren drei relevante Ansatzkriterien. Diese sind:[171]

- Gegenwärtige rechtliche oder faktische Verpflichtung aus einem vergangenen Ereignis und
- überwiegend wahrscheinlicher Abfluss wirtschaftlichen Nutzens[172] und
- verlässliche Schätzung der Höhe ist möglich.

164 Vgl IAS 32.11., IAS 32.16.
165 Vgl IAS 19.75, IAS 19.87.
166 Vgl § 198 Abs 8 Z 1 UGB.
167 Vgl § 249 Abs 1 dHGB.
168 Vgl IAS 37.10.
169 Vgl § 198 Abs 8 Z 1 UGB; § 249 dHGB.
170 Vgl § 249 Abs 1 Z 1 und 2 dHGB.
171 Vgl IAS 37.14.
172 Überwiegend wahrscheinlich bedeutet eine Wahrscheinlichkeit von über 50 %.

Sind alle drei Ansatzkriterien erfüllt, ist eine Rückstellung zu bilden.

Rückstellungen dürfen in einem IFRS-Abschluss nur gebildet werden, wenn eine konkrete Außenverpflichtung gegenüber Dritten vorliegt. Aufwandsrückstellungen sind nicht zulässig.

Das Vorsichtsprinzip führt häufig dazu, dass Rückstellungen insbesondere im UGB frühzeitiger und höher gebildet werden als im dHGB oder in den IFRS.

5.7.3. Restrukturierungsmaßnahmen

Nach IFRS und dHGB können Rückstellungen für Restrukturierungsmaßnahmen erst bei Vorliegen einer faktischen Verpflichtung gebildet werden. IAS 37.72 regelt, dass dies bei Vorliegen eines detaillierten und formalen Restrukturierungsplanes und bei Wecken einer gerechtfertigten Erwartungshaltung bei den Betroffenen erforderlich ist. Im UGB kann eine Aufwandsrückstellung für Restrukturierungsmaßnahmen, wenn den Grundsätzen ordnungsgemäßer Buchführung entsprechend, bereits früher gebildet werden.

5.7.4. Wertansatz, Bewertung

Gemäß UGB und dHGB werden Rückstellungen mit dem Erfüllungsbetrag zum Bilanzstichtag angesetzt. Der Erfüllungsbetrag ist bestmöglich zu schätzen.[173] Das Vorsichtsprinzip führt zu einer tendenziell höheren Schätzung als im IFRS.

Gemäß IFRS ist ebenso eine bestmögliche Schätzung durchzuführen. Im Rahmen der Erwartungswertmethode ist nicht das vorsichtigste, sondern das wahrscheinlichste Ergebnis anzusetzen. Die Rückstellung ist so zu bewerten, wie das Unternehmen am Abschlussstichtag an einen Dritten zahlen müsste. Sind mehrere Ergebnisse wahrscheinlich, werden diese mit ihren Wahrscheinlichkeiten gewichtet.[174]

5.7.5. Abzinsung

Nach dem UGB und dem dHGB sind Rückstellungen und Verbindlichkeiten mit einer Restlaufzeit von mehr als einem Jahr mit einem marktüblichen Zinssatz auf den Bilanzstichtag abzuzinsen, wobei der Wesentlichkeitsgrundsatz zu beachten bleibt.[175] Der Zinssatz ist spezifisch je nach Restlaufzeit auszuwählen. Gemäß UGB und dHGB kann bei langfristig fälligen Altersvorsorgeverpflichtungen ein Marktzinssatz aus einer angenommenen Restlaufzeit von 15 Jahren angewendet werden.[176] Anstatt eines Stichtagszinssatzes kann gemäß dHGB auch ein durchschnittlicher Zinssatz der vergangenen zehn Jahre herangezogen werden. Auch in Österreich ist dies möglich, wobei keine Limitation auf zehn Jahre im Gesetz festgesetzt ist. In Deutschland ist ein Zinssatz der vergangenen sieben Jahre für Altersvorsorgeverpflichtungen heranzuziehen, wenn nicht ein Stichtagszinssatz verwendet wird.[177]

173 Vgl § 211 UGB, § 253 Abs 1 dHGB.
174 Vgl IAS 37.36 bis 37.41.
175 Vgl § 211 Abs 2 UGB, § 253 Abs 2 dHGB.
176 Vgl § 211 Abs 2.
177 Vgl § 211 Abs 2 UGB, § 253 Abs 2 dHGB.

Nach den IFRS ist eine Abzinsung von Rückstellungen erforderlich, wenn der Zinseffekt wesentlich ist, was bei langfristigen Rückstellungen der Fall sein kann. Es ist ein Vorsteuerzinssatz zu verwenden, der hinsichtlich Höhe den Markterwartungen entspricht.[178]

5.7.6. Eventualverbindlichkeiten

Eventualverbindlichkeiten, wie zB Haftungen und Garantien, deren Inanspruchnahme nicht wahrscheinlich ist, werden weder nach UGB bzw dHGB noch nach den IFRS in der Bilanz angeführt, sondern grundsätzlich im Anhang erläutert oder unter der Bilanz angeführt (je nach Größenklasse des Unternehmens im dHGB und UGB). Aufgrund der unterschiedlichen Ansatzvoraussetzungen von Rückstellungen zwischen IFRS, UGB und dHGB in Zusammenhang mit dem Vorsichtsprinzip kann es hier zu Unterschieden kommen, wenn etwa der Abfluss an Ressourcen nicht überwiegend wahrscheinlich ist oder nicht verlässlich geschätzt werden kann.[179] Aufgrund des stärker ausgeprägten Vorsichtsprinzips könnte im UGB-Abschluss und im dHGB-Abschluss bereits eine Rückstellung zu bilden sein, während im IFRS-Abschluss nur eine Eventualverbindlichkeit im Anhang zu erläutern ist.

5.8. Umsatzerlöse

5.8.1. Anwendungsbereich der Umsatzrealisierung

Nach österreichischem Recht handelt es sich bei Umsatzerlösen um Erlöse, die sich aus dem Verkauf von Produkten und der Erbringung von Dienstleistungen nach Abzug von Erlösschmälerungen und der Umsatzsteuer sowie nach Abzug von sonstigen direkt mit dem Umsatz verbundenen Steuern ergeben.[180] Die Definition von Umsatzerlösen im dHGB ist ähnlich. Demnach sind Umsatzerlöse die Erlöse aus dem Verkauf und der Vermietung oder Verpachtung von Produkten sowie aus der Erbringung von Dienstleistungen der Kapitalgesellschaft nach Abzug von Erlösschmälerungen und der Umsatzsteuer sowie sonstiger direkt mit dem Umsatz verbundener Steuern.[181] UGB und dHGB ist gemein, dass Umsatzerlöse nicht unbedingt aus der gewöhnlichen Geschäftstätigkeit resultieren müssen. Auch die Erlöse aus Nebenprodukten oder zB die Vermietung von nicht betriebsnotwendigen Gebäuden sind im Jahresabschluss als Umsatzerlös darzustellen.

Im Framework der IFRS findet sich keine Legaldefinition für Umsatzerlöse. Ein Ertrag ist die Zunahme des wirtschaftlichen Nutzens in der Form von Zuflüssen oder Wertsteigerungen von Vermögenswerten oder die Verringerung von Schulden, durch die sich das Eigenkapital unabhängig von Einlagen von Eigentümern erhöht. Ein Erlös ist in den IFRS ein Ertrag aus der operativen Geschäftstätigkeit des Unternehmens.[182]

178 IAS 37.45 bis 37.47.
179 Vgl IAS 37.27 ff, § 251 dHGB, § 199 UGB.
180 Vgl § 189a Z 5 UGB.
181 Vgl § 277 Abs 1 dHGB.
182 Vgl IFRS 15, Anhang A Definitionen.

5.8.2. Umsatzrealisierung

Sowohl im UGB als auch im dHGB regelt das Realisationsprinzip die Umsatzrealisierung. Dieses besagt, dass Gewinne nur dann ausgewiesen werden dürfen, wenn sie realisiert sind. Dies liegt dann vor, wenn eine Dienstleistung erbracht worden ist oder ein Artikel fertig ausgeliefert worden ist. Von Bedeutung ist hier, ob die Chancen und Risiken (Preisgefahr) vom Unternehmen auf den Empfänger der Dienstleistung oder der Ware übergegangen sind und somit der Gefahrenübergang erfolgt ist. Die Gefahr des zufälligen Untergangs muss auf den Kunden übergegangen sein. Der Anspruch auf Gegenleistung muss mit Sicherheit erlangt sein. Im UGB und im dHGB erfolgt daher eine Geschäftsfallbetrachtung.[183] In der Praxis sind für die Bestimmung des Gefahrenübergangs die vereinbarten Lieferbedingungen, häufig geregelt durch Verwendung der INCOTERMs, relevant.

Im Vergleich dazu erfolgt bei den IFRS keine Geschäftsfallbetrachtung. Die IFRS sehen die allgemeine Anwendung eines Fünf-Schritte-Modells für Kundenbeträge vor. Diese fünf Schritte sind:[184]

- **Schritt 1:** Identifikation des Vertrages (bzw der Verträge) mit einem Kunden
- **Schritt 2:** Identifikation der separaten vertraglichen Leistungsverpflichtungen
- **Schritt 3:** Bestimmung des Transaktionspreises
- **Schritt 4:** Aufteilung des Transaktionspreises auf die vertraglich vereinbarten separaten Leistungsverpflichtungen
- **Schritt 5:** Erlösrealisierung bei Erfüllung der Leistungsverpflichtung.

Die Umsatzrealisierung in IFRS 15 basiert auf den Übergang der Verfügungsgewalt (Control-Ansatz). Die Umsatzrealisierung im UGB und im dHGB basiert auf dem Übergang der mit dem Produkt oder der Dienstleistung verbundenen Chancen und Risiken (Preisgefahr) auf den Kunden (Risk/Reward-Ansatz).[185]

Während in IFRS 15 für langfristige Fertigungsaufträge eine zeitraumbezogene Umsatzrealisierung erfolgt, bleibt es im UGB und im dHGB bei der zeitpunktbezogenen Umsatzrealisierung, sobald eine selbständig abgrenzbare Teilleistung einen rechtlich durchsetzbaren Anspruch auf Gegenleistung begründet (Completed Contract Method).

Aufgrund des Vorsichtsprinzips ist das Realisationsprinzip im UGB und im dHGB imparitätisch, also ungleich, ausgestaltet. Verluste sind somit bereits dann voll auszuweisen, wenn sie noch nicht realisiert sind.[186] Wird ein drohender Verlust in Zusammenhang mit einem Auftrag erwartet, ist somit bereits der volle Verlust in der Drohverlustrückstellung rückzustellen und im Aufwand zu erfassen, wenn dieser auch erst in der Zukunft realisiert wird.

183 Vgl *Fischl* (2020) 111; AFRAC-Stellungnahme 32 Rz 24.
184 IFRS 15.9 ff.
185 Vgl AFRAC-Stellungnahme 32 Rz 27.
186 Vgl § 201 Abs 1 Z 4 UGB, § 252 Abs 1 Z 4 dHGB.

6. Durchführung einer Jahresabschlussanalyse

Die Berechnung von Kennzahlen ohne Verständnis vom Umfeld des Unternehmens und des Jahresabschlusses kann zu Fehlinterpretationen führen. Auch wenn es in der Praxis kein allgemein gültiges Kochrezept gibt, lassen sich die notwendigen Schritte zur Bilanzanalyse in die Datensammlung und die Datenaufbereitung, die Datenbereinigung, und darauf aufbauend die Berechnung von Analysewerten einteilen. Die Datenaufbereitung und Datenbereinigung sind abhängig von Analyseziel und vorhandenen Informationen. Die Interpretation der Ergebnisse erfolgt mit Hilfe von Vergleichen im Zeitablauf, mit anderen Unternehmen oder mit Sollwerten. Beim überbetrieblichen Vergleich bleibt zu beachten, dass Rechnungslegungsnormen Raum für Ermessensspielräume und Wahlrechte bieten, die das analysierte Unternehmen individuell zur Bilanzpolitik nutzen kann.

6.1. Erhebung der Basisdaten

Als erster Schritt der Bilanzanalyse sind die Basisdaten zu erheben. Hauptquelle für externe Bilanzanalysen sind die Jahresabschlüsse des Unternehmens und der Vergleichsunternehmen. Bei betriebsinternen Vergleichen werden typischerweise Reporting Packages[187] oder systemgenerierte strukturierte Saldenlisten herangezogen. Reporting Packages innerhalb eines Konzerns haben den Vorteil, dass die Daten bereits einheitlich gegliedert sind und im Wesentlichen einheitliche Bewertungsmethoden verwendet werden.

Bei allen Analysen empfehlen wir, die Daten von mehreren Jahren heranzuziehen. In der Praxis verwenden wir häufig zumindest drei Jahre. Es kann auch sinnvoll sein, den Zeitraum auszuweiten, um einen gesamten Konjunkturzyklus zu betrachten. Je länger der Zeitraum ist, desto mehr kann das Management des Unternehmens auch die Geschäftstätigkeit beeinflussen, was wiederum in der Analysetätigkeit zu berücksichtigen ist.

187 Im Reporting Package werden Daten zur Erstellung eines Konzernabschlusses durch ein Mutterunternehmen gesammelt. Üblicherweise beinhaltet dieses neben einer Bilanz und Gewinn- und Verlustrechnung auch weitere Informationen zur Konsolidierung und Erstellung des Konzernanhangs und Konzernlageberichts. Auch betriebswirtschaftliche Daten zur Unternehmenssteuerung können einfließen, je nach Ziel und Zweck des Packages.

Bezugsquellen für die Erhebung externer Basisdaten sind in folgender Übersicht dargestellt:

Bezeichnung	Inhalt	Link	Region
Unternehmensregister	Veröffentlichte Jahresabschlüsse	https://www.unternehmensregister.de	D
Firmenbuch	Veröffentlichte Jahresabschlüsse	https://www.manz.at https://www.jusline.at https://www.advokat.at	Ö
Kontrollbank	Finanzinformationen börsennotierter österreichischer Unternehmen	https://issuerinfo.oekb.at	Ö
European Business Register	Veröffentlichte Jahresabschlüsse	https://ebra.be	EU
BACH	Harmonisierte Jahresabschlüsse	https://www.bach.banque-france.fr	Ö, BE, CZ, D, ES, FR, HR, IT, LU, PL, PT, SK
Bureau van Dijk	Finanzinformationen	https://www.bvdinfo.com	Europa

Tab 24: Datenquellen für die Analyse von Jahresabschlüssen

Die in Tabelle 24 angeführten Dienste sind teilweise kosten- oder registrierungspflichtig.

6.2. Aufbereitung der Daten

Durch die Aufbereitung der Daten wird versucht, die Vergleichbarkeit oder die Aussagekraft zu erhöhen und diese übersichtlicher zu gestalten. Besonderes Augenmerk liegt dabei auf der Zielsetzung der Analyse. Die Möglichkeiten zur Aufbereitung sind durch die Art und den Umfang der vorhandenen Informationen beschränkt. Typische Aufbereitungsschritte sind die Bereinigung der Daten sowie die einheitliche Gliederung und Zusammenfassung von Posten der Bilanz und Gewinn- und Verlustrechnung.[188]

6.2.1. Bereinigung der Daten

Die Bereinigung der Daten steht in engem Zusammenhang mit der Zielsetzung der Bilanzanalyse. Auch hier steht die Vergleichbarkeit der Daten oftmals im Vordergrund. Wir

188 Wir beschreiben im Folgenden die Herangehensweise in unserer Praxis aus unserer Erfahrung, die wir insbesondere aus Analysen im Rahmen von Due-Diligence-Prozessen und M&A-Prozessen und Abschlussprüfungen gesammelt haben. Die allgemeinen theoretischen Grundlagen und insbesondere Begriffe wurden aus folgenden deutschsprachigen Lehrbüchern übernommen: *Coenenberg/Haller/Schultze* (2021) 1085–1127; *Lachnit/Müller* (2017) 19–166; *Wagenhofer* (2019) 193–206; *Baumüller/Kreuzer* (2014) 135–180; *Egger/Bertl/Hirschler/Mittelbach-Hörmanseder* (2019).

unterteilen in weiterer Folge in die Bereinigung der Vermögenswerte und Schulden und in die Bereinigung der Erfolgsrechnung. Jede Bereinigung der Vermögenswerte und Schulden muss im Sinne der doppelten Buchhaltung auch auf ihre Auswirkung auf die Erfolgsrechnung analysiert werden und ist in dieser zu berücksichtigen. Bei allen Bereinigungen bleibt zu bedenken, dass die Grundprinzipien der doppelten Buchhaltung eingehalten werden müssen. Es sei deshalb empfohlen, Bereinigungen immer im Sinne der Buchungslogik zu gestalten. Beispiele zu Bereinigungen und deren Abbildung in der Praxis stellen wir in Kapitel 6.2.3. dar.

Im nächsten Schritt wird die Bereinigung der Vermögenswerte und Schulden, danach die Bereinigung der Erfolgsrechnung dargestellt. Darauf aufbauend werden in den Kapiteln 6.2.1.3. und 6.2.1.4. Wahlrechte und Bilanzpolitik vertiefter behandelt.

6.2.1.1. Bereinigung der Vermögenswerte und Schulden

Um eine Vergleichbarkeit der Daten zu erhöhen, sind insbesondere folgende Bereinigungen üblich:

- Bereinigung expliziter Wahlrechte
- Bereinigung impliziter Wahlrechte
- Erfassung stiller Reserven
- Erfassung stiller Lasten
- Umgliederungen
- Sonstige Bereinigungen

Bereinigung expliziter Wahlrechte

Sowohl im dHGB und im UGB als auch in den IFRS bestehen für die Bilanzierenden explizite Wahlrechte für die unterschiedliche Erfassung eines identen Geschäftsvorfalls. Auch in der Darstellung bestehen in der Praxis gewisse Wahlrechte. Um die Vergleichbarkeit zu erleichtern, bestehen bei expliziten Wahlrechten oftmals Pflichtangaben im Anhang, sowohl über die Ausübung des Wahlrechts als auch über die Auswirkung auf den Abschluss.

Bereinigung impliziter Wahlrechte & von Ermessensspielräumen

Rechnungslegungsnormen enthalten auch eine Vielzahl impliziter Wahlrechte. Diese Wahlrechte sind im Gesetzestext bzw der Rechnungslegungsnorm nicht explizit festgeschrieben, ergeben sich jedoch implizit aufgrund der Auslegung derselben. Änderungen im Zeitablauf sind durch das Unternehmen gemäß UGB und dHGB offenzulegen bzw in den IFRS retrospektiv anzupassen und offenzulegen.[189] In der Praxis erfolgt diese Offenlegung im Regelfall nur bei wesentlichen Änderungen, da die Ermittlung der Daten und die Darstellung im Anhang für das Unternehmen Zusatzaufwand bedeutet. Wahlrechte sind im UGB und im dHGB häufiger zu finden als in den IFRS, wie in Kapitel 5.1. dargestellt. In allen drei Rechnungslegungsnormen bestehen jedoch vielfach Ermessensspielräume. Eine Auswahl an Wahlrechten und Ermessensspielräumen führen wir unter 6.2.1.3. an.

189 Zum Grundsatz der Stetigkeit siehe Kapitel 2.5., 3.4. und 4.5.

Stille Reserven

Unter stillen Reserven versteht man Vermögenswerte, deren Buchwerte unter, oder Schulden, deren Buchwerte derzeit über dem Marktwert liegen. Nur sehr eingeschränkt können selbstgeschaffene immaterielle Vermögenswerte – wie etwa Software – in der Bilanzierung angesetzt werden, was zu stillen Reserven führen kann.[190] Insbesondere aufgrund des im Kapitel 2.5.6. dargestellten Vorsichtsprinzips kann es zur Bildung von stillen Reserven kommen. Typische stille Reserven können sowohl in dHGB- als auch in UGB-Abschlüssen auf der Aktivseite der Bilanz bei Grundstücken und Beteiligungen, deren Marktwert deutlich über den historischen Anschaffungskosten liegt, bestehen. Oft wird die Nutzungsdauer von abnutzbarem Sachanlagevermögen niedriger angesetzt, als die wirtschaftliche Nutzungsdauer tatsächlich ist, wodurch die Abschreibungen betriebswirtschaftlich betrachtet zu hoch sind. Auf der Passivseite der Bilanz werden Rückstellungen aufgrund des Vorsichtsprinzips häufig zu hoch eingeschätzt. Im IFRS-Abschluss finden sich typischerweise weniger stille Reserven, insbesondere, soweit das Anlagevermögen nach der Neubewertungsmethode bewertet wird. Wird das Anschaffungskostenmodell gewählt und die Nutzungsdauer zu kurz geschätzt, kann es auch in IFRS-Abschlüssen zu stillen Reserven kommen.[191]

Stille Lasten

Stille Lasten sind das Gegenteil von stillen Reserven. Der Buchwert von Verbindlichkeiten oder Rückstellungen in der Bilanz ist niedriger als deren Marktwert. Üblicherweise sollte es durch das herrschende Vorsichtsprinzip sowohl gemäß dHGB als auch gemäß UGB nicht zur Bildung von stillen Lasten kommen. Mögliche stille Lasten ergeben sich in der Praxis dennoch vor allem aus fehlenden oder zu niedrig eingeschätzten Rückstellungen wie beispielsweise bei Gerichtsverfahren oder der Verpflichtung für Umweltschutzmaßnahmen wie die Rekultivierung von Grundstücken. Da im IFRS-Abschluss Rückstellungen und Verbindlichkeiten tendenziell „später" angesetzt werden als das imparitätische Realisationsprinzip im dHGB und im UGB vorschreibt, kann es in der Praxis auf der Passivseite eines IFRS-Abschlusses eher zu stillen Lasten kommen. Eine allgemeine Aussage lässt sich aber nicht treffen. Für die Bilanzanalyse wird eine Analyse des Anhangs zum jeweiligen Abschluss empfohlen, ob Hinweise auf wesentliche Ereignisse nach dem Bilanzstichtag enthalten sind, die zwar im vorliegenden Abschluss gemäß dem Periodenprinzip noch nicht bilanziert sind, aber für die Bilanzanalyse von Bedeutung sein können.

Umgliederungen

Umgliederungen betreffen sowohl Saldierungen als auch Umgliederungen zwischen den einzelnen Posten des Gliederungsschemas ohne Saldierung. Beispielsweise können die liquiden Mittel mit den Bankverbindlichkeiten saldiert oder geplante Ausschüttungen an die Eigentümer bereits aus dem Eigenkapital in die Verbindlichkeiten umgegliedert werden. Dies ist je Analysezweck zu bestimmen.

190 Siehe Kapitel 5.3.2. für eine Detaildarstellung.

191 Die IFRS beinhalten in IAS 16.51 eine explizite Anforderung, die Nutzungsdauern jährlich auf Aktualität zu überprüfen.

Sonstige Bereinigungen

Unabhängig von den bereits angeführten Schritten können auch sonstige Bereinigungen aufgrund betriebswirtschaftlicher Überlegungen notwendig sein, etwa um die Vergleichbarkeit zu erhöhen. Sollen beispielsweise zwei Unternehmen verglichen werden, wobei eines vorrangig die Gegenstände des Anlagevermögens langfristig mietet oder least, während das andere die Gegenstände kauft, ist die Vergleichbarkeit der Bilanz nicht gegeben, obwohl vergleichbare Vermögensgegenstände zur betrieblichen Leistungserbringung genutzt werden. In einem IFRS-Abschluss erübrigt sich dies durch die Regelungen des IFRS 16 und den Ansatz von geleasten Vermögensgegenständen sowie die Leasingschuld in der Bilanz. Wurden durch das Unternehmen die Bewertungsmethoden im wesentlichen Umfang geändert, sollten die letzten Jahre im Zuge der Bereinigung ebenfalls an die geänderte Bewertungsmethodik angepasst werden. Teilweise werden nachträgliche Korrekturen der letzten Jahre auch von den finanzierenden Banken verlangt, sofern es zu wesentlichen Änderungen der Bewertungsmethoden gekommen ist.

6.2.1.2. Bereinigung der Erfolgsrechnung

Bereinigungen von Vermögenswerten und Schulden müssen konsequent auch in der Bereinigung der Erfolgsrechnung berücksichtigt werden. Weiters können ebenso zusätzliche Umgliederungen in der Erfolgsrechnung notwendig sein.

Schon in der Darstellung besteht das Wahlrecht, die Gewinn- und Verlustrechnung entweder nach dem Gesamtkostenverfahren oder nach dem Umsatzkostenverfahren aufzustellen. Bei der Anwendung des Umsatzkostenverfahrens müssen Unternehmen Angaben zu den Gesamtkosten im Anhang zum Jahresabschluss anführen, um weitere Auskunft etwa über Materialaufwand und Personalaufwand zu geben.[192]

Ein in der Praxis häufig anzutreffender zusätzlicher Punkt in der Erfolgsrechnung ist die Bereinigung um aperiodische und außerordentliche Aufwendungen und Erträge. Insbesondere für die Beurteilung der Ertragslage im Zuge von Unternehmenskäufen ist es üblich, die Erfolgsrechnung um außerordentliche und aperiodische Aufwendungen zu bereinigen. Aperiodische Aufwendungen sind den Perioden zuzuteilen, die sie betreffen. Einmalige außerordentliche Aufwendungen („one-offs“) und Erträge außerhalb der operativen Geschäftstätigkeit (zB Erträge aus Grundstücksverkäufen eines Produktionsunternehmens etc) werden gänzlich aus der Analyse ausgeschieden, wenn die laufende Entwicklung der gewöhnlichen Geschäftstätigkeit analysiert wird. Ziel ist es, durch diese Vorgehensweise einen nachhaltigen Erfolg zu ermitteln, der eine höhere Aussagekraft über die zukünftige Ertragslage des Unternehmens bietet. Dies ist insbesondere für die Unternehmensbewertung ein häufiger Schritt. Problematisch sind die Beschaffung der Informationen und die Beurteilung, welche Aufwendungen oder Erträge als aperiodisch oder außerordentlich anzusehen sind. Ein Ausweis von außerordentlichen Aufwendungen und Erträgen in einer Gewinn- und Verlustrechnung nach dHGB und UGB bzw Gesamtergebnisrechnung nach IFRS ist verboten. Informationen für wesentliche und ungewöhnlich hohe Ertrags- oder Aufwandsposten können sich im Anhang finden.

192 Vgl § 238 Abs 1 Z 13 UGB, § 285 Z 8 dHGB.

6.2.1.3. Auswahl an Wahlrechten in UGB-, dHGB- und IFRS-Abschlüssen

Die folgende Tabelle gibt einen Überblick über eine Auswahl von Wahlrechten und Ermessensspielräumen in UGB-, dHGB- und IFRS-Abschlüssen, auf die auch in Auszügen in Kapitel 5. näher eingegangen wird:[193]

1. Ansatzwahlrechte	**UGB**	**dHGB**	**IFRS**
Ansatz aktiver latenter Steuern auf steuerliche Verlustvorträge (in IFRS grds Pflicht)	✓	✓	
Bildung von Aufwandsrückstellungen (in dHGB eingeschränkt)	✓	✓	
Aktivierung von Entwicklungsaufwendungen (in UGB verboten, in IFRS Pflicht, in dHGB Wahlrecht)		✓	

2. Bewertungswahlrecht	**UGB**	**dHGB**	**IFRS**
Außerplanmäßige Abschreibung von Finanzanlagen bei nicht dauernder Wertminderung (in IFRS Impairmenttest)	✓	✓	
Sofortabschreibung von geringwertigen (unwesentlichen) Vermögensgegenständen	✓	✓	✓
Wahl der Abschreibungsmethode (linear, leistungsabhängig, etc)	✓	✓	✓
Wahl der Neubewertungsmethode in der Folgebewertung von Sachanlagevermögen			✓
freiwillige Aktivierung von Fremdkapitalzinsen bei der Herstellung von Vorräten (in IFRS uU Pflicht)	✓	✓	
Aktivierung von Verwaltungs- und Vertriebskosten bei langfristigen Aufträgen in der Vorratsfertigung	✓		
Aktivierung von angemessenen Teilen der allgemeinen Verwaltungskosten		✓	
Bewertungsvereinfachungsverfahren in der Vorratsbewertung (FIFO, Durchschnittspreise, etc)	✓	✓	✓

3. Gliederungs- und Ausweiswahlrechte	**UGB**	**dHGB**	**IFRS**
Saldierung soweit im Rahmen der GoB bzw gesetzlich erlaubt oder unwesentlich	✓	✓	✓
Wahl zwischen Gesamtkosten- und Umsatzkostenverfahren	✓	✓	✓
Weitere Untergliederung bzw Zusammenfassung von Posten	✓	✓	✓
Weglassen unwesentlicher Anhangangaben	✓	✓	✓

4. Ermessensspielräume	**UGB**	**dHGB**	**IFRS**
Schätzung der Nutzungsdauer des Anlagevermögens	✓	✓	✓
Aktivierungsfähigkeit von Instandhaltungs- und Herstellungskosten von Anlagevermögen	✓	✓	✓
Aktivierungszeitpunkt von Anlagevermögen	✓	✓	✓
Identifizierbarkeit bzw Separierung von immateriellem Anlagevermögen			✓
Unterscheidung zwischen Forschungs- und Entwicklungsaufwendungen zur Beurteilung der Aktivierungsfähigkeit/-pflicht		✓	✓

193 Vgl für eine umfassende Auflistung in Hinblick auf IFRS und dHGB: *Coenenberg/Haller/Schultze* (2021) 1076–1079; *Lachnit/Müller* (2017) 93–98; sowie die in Kapitel 5.1. angeführte vertiefende Literatur zum Vergleich zwischen UGB und dHGB.

Einschätzung der langfristigen Halteabsicht von Finanzinstrumenten (UGB und dHGB: Anlage- oder Umlaufvermögen)	✓	✓	✓
Definitionen von Zahlungsmittel generierenden Einheiten beim Impairment Test			✓
Auswahl des Ermittlungsverfahrens und Quellen des beizulegenden (Zeit-)Werts	✓	✓	✓
Bewertung von Rückstellungen (Verfahren, Zinssatz)	✓	✓	✓
Pauschalwertberichtigungssätze von Forderungen aus Lieferungen und Leistungen (in IFRS: Expected Credit Loss)	✓	✓	✓

Tab 25: Übersicht über eine Auswahl an Wahlrechten in UGB-, dHGB- und IFRS-Abschlüssen

6.2.1.4. Bilanzpolitik

Durch Bilanzpolitik kann das Unternehmen den Jahresabschluss im Rahmen rechtlicher Möglichkeiten bewusst gestalten, um Entscheidungen von Bilanzadressaten zu beeinflussen. Ohne gegen Gesetze zu verstoßen, gibt es die Möglichkeit, über Wahlrechte und Ermessensspielräume oder durch reale Transaktionsgestaltung den Jahresabschluss und andere zu veröffentlichende Unternehmensdaten, wie den Lagebericht, gezielt zu gestalten. Für Posten, die Wahlrechten oder Ermessensentscheidungen unterliegen, schreiben die Rechnungslegungsnormen in der Regel Anhangangaben vor. Aus diesen Angaben allein wird es für nicht in der Bilanzierung eingebundene Personen in der Praxis kaum möglich sein, das gesamte Ausmaß der bilanzpolitischen Maßnahmen zu erkennen.[194]

Die folgende Grafik bietet einen Überblick über die in der Literatur gängige Einteilung bilanzpolitischer Maßnahmen:

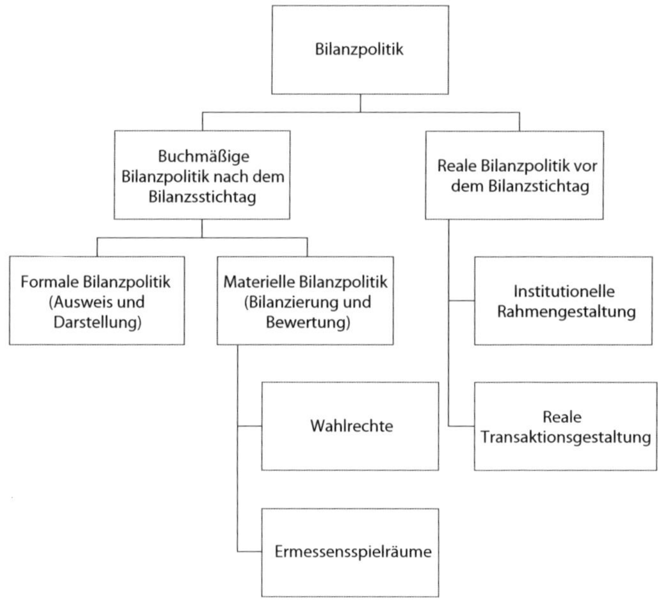

Abb 9: Bilanzpolitik (vgl *Lachnit/Müller* [2017] 71 ff; *Coenenberg/Haller/Schultze* [2021] 1072; *Wagenhofer* [2019] 200 ff)

194 Vgl *Lachnit/Müller* (2017) 71 ff; *Coenenberg/Haller/Schultze* (2021) 1072; *Wagenhofer* (2019) 200 ff.

Beispiele für bilanzpolitische Maßnahmen

Folgende Beispiele für reale bilanzpolitische Maßnahmen können aus unserer Erfahrung und aus der Literatur genannt werden:[195]

- Verschieben oder Vorziehen von:
  - Vertragsabschlüssen um den Bilanzstichtag,
  - Lieferzeitpunkten um den Bilanzstichtag,
  - Zahlläufen von Verbindlichkeiten,
  - Fertigstellung und Inbetriebnahme von Anlagevermögen,
  - Fertigstellung von in Arbeit befindlichen Vorräten,
  - Kauf und Verkauf von Vorräten und Anlagevermögen
- Eintreiben von Forderungen
- Verkauf von nicht betriebsnotwendigem Vermögen
- Sale-and-Lease-Back-Transaktionen
- Finanzierung mittels Operating Leasing anstelle von Ratenkäufen (irrelevant für IFRS-Abschlüsse)
- Änderung der Halteabsichten von Finanzanlagevermögen und folgende Umgliederung zwischen Anlage- und Umlaufvermögen in UGB- und dHGB-Abschlüssen
- Änderung des Geschäftsmodells, in dem Finanzinstrumente gehalten werden, in IFRS-Abschlüssen (unterschiedliche Bewertungsmaßstäbe je nachdem, ob das Finanzinstrument gemäß IAS 32 als Eigenkapital- oder Fremdkapitalinstrument klassifiziert wird, und gemäß Geschäftsmodell, in dem das Finanzinstrument gehalten wird, geregelt in IFRS 9)

Auch institutionelle Möglichkeiten bestehen:

- Wahl des Bilanzstichtags (zB Zeitpunkt mit geringen Vorratsbeständen und niedrigem sonstigen Working Capital wenn dieses saisonalen Schwankungen unterliegt)
- Beeinflussung der Größenmerkmale durch Verschiebung von Transaktionen im Konzern, um Publizitätspflichten entgegenzuwirken
- Umgründungen und Einlage von Vermögensgegenständen[196]
- Rechtsformwahl mit Auswirkung auf Rechnungslegungs- und Offenlegungspflichten

Die Ziele und Beweggründe für Bilanzpolitik ergeben sich aus der Funktion von Abschlüssen. UGB- und dHGB-Abschlüsse verfolgen eine Informationsfunktion für Anspruchsgruppen, eine Funktion der Ausschüttungsbemessung an die Eigentümer und eine Funktion der Bemessung von Besteuerungsgrundlagen. Für IFRS-Abschlüsse sowie Konzernabschlüsse nach UGB und dHGB ist nur die Informationsfunktion relevant.[197]

Die praktischen bilanzpolitischen Ziele hängen auch davon ab, wer diese setzt und ob diese den gesamtwirtschaftlichen Zielsetzungen des Unternehmens entsprechen (etwa

195 Vgl für eine weitere Auflistung möglicher bilanzpolitischen Maßnahmen etwa: *Lachnit/Müller* (2017) 80–98; *Wagenhofer* (2019) 200–206; *Coenenberg/Haller/Schultze* (2021) 1072; *Baumüller/Kreuzer* (2014) 135–147.

196 Vgl § 202 Abs 1 iVm Abs 2 Z 1 UGB. In Österreich und Deutschland besteht bei der Einlage von Vermögensgegenständen in ein Unternehmen die Möglichkeit zur Buchwertfortführung oder Bewertung zum Zeitwert. Damit einhergehend besteht eine Aufwertungsmöglichkeit, ähnlich der Neubewertungsmethode in IFRS.

197 Vgl *Coenenberg/Haller/Schultze* (2021) 1069.

Signalisierung von Stabilität an die Kapitalgeber zum Erreichen günstiger Finanzierungskonditionen) oder Individualziele einzelner Personen des Managements sind (etwa Erreichen von Ergebniszielen zur höchstmöglichen Bonifikation).[198]

Beweggründe für bilanzpolitische Maßnahmen

Mögliche Beweggründe zur Ergebnismaximierung aus unserer praktischen Erfahrung:

- Maximierung des ausschüttbaren Bilanzgewinns
- Erreichen von internen Zielwerten und davon abhängenden Bonifikationen an das Management
- Erreichen von mit Fremdkapitalgebern vereinbarten Kennzahlen (Covenants)
- Werben um künftige Eigen- oder Fremdkapitalgeber, Signalisieren von Kreditwürdigkeit
- Signalwirkung an Kunden und Lieferanten, um sich als wirtschaftlich stabiler und dadurch vertrauenswürdiger Lieferant und Abnehmer zu präsentieren
- Maximierung des Unternehmenswerts vor angedachtem Unternehmensverkauf

Beweggründe zur Ergebnisminimierung aus unserer praktischen Erfahrung können sein:

- Minimierung des ausschüttbaren Bilanzgewinns, um Liquidität im Unternehmen zu halten, etwa für künftige Investitionen
- Minimierung des Ergebnisses, das als Ausgangsbasis für die Einkommensteuerermittlung dient (Maßgeblichkeitsprinzip von UGB- und dHGB-Jahresabschlüssen)
- Ergebnisglättung zur Darstellung konstanter Ergebnisse
- Vortrag von Reserven in Folgeperioden zur künftigen Ergebnissteigerung
- Bessere Position für Preisverhandlungen mit Kunden oder Lieferanten, um niedrigere Einkaufspreise zu verhandeln
- Verschleiern von Wettbewerbsvorteilen gegenüber Konkurrenten
- Minimierung des Unternehmenswerts bei geplantem Management-Buy-Out oder zur Abwehr von Übernahmen

Nicht nur das Jahresergebnis, auch einzelne Bilanzposten können gezielt beeinflusst werden. Ein Beispiel dafür ist der Abschluss von Operating-Leasing-Verträgen in UGB- und dHGB-Abschlüssen zur Reduktion der Bilanzsumme und Maximierung der Eigenkapitalquote. Auch zulässige Saldierungen sind Möglichkeiten zur Reduktion der Bilanzsumme und Erhöhung der Eigenkapitalquote (zB Saldierung von Investitionszuschüssen und Förderungen mit dem geförderten Vermögensgegenstand).

Aufgrund der Grundprinzipien der doppelten Buchführung wird sich buchmäßige Bilanzpolitik in künftigen Perioden ausgleichen – wahrscheinlich jedoch zu Zeitpunkten, in denen dies auch durch das Abschluss erstellende Management gewünscht ist. Aufgebaute Reserven durch sehr vorsichtige Rückstellungspolitik könnten etwa in Geschäftsjahren mit weniger Ertrag ergebniswirksam aufgelöst werden.

198 Vgl *Lachnit/Müller* (2017) 73.

6.2.2. Gliederung und Informationsverdichtung

Die einheitliche Gliederung der Daten ist für die Vergleichbarkeit eine wesentliche Voraussetzung. Auf Basis der vorliegenden Informationen und Anhangangaben wird entsprechend der Zielsetzung der Bilanzanalyse eine einheitliche Gliederung für die Analyse definiert. Die Informationen werden in diesem Schritt regelmäßig bereits verdichtet, um die Übersichtlichkeit zu erhöhen und die Informationen auf den Analysebereich zu beschränken. Bei vergleichenden Analysen von lediglich einigen Jahresabschlüssen oder nur einem Jahresabschluss im Zeitablauf ist eine Vereinheitlichung der Gliederung einfacher möglich. Sollen Unternehmen in ganz Europa verglichen werden, stellt eine einheitliche Gliederung bereits ein schwieriges Unterfangen dar.

Beim betriebsinternen Vergleich ist eine einheitliche Gliederung im Regelfall bereits durch einen einheitlichen Konzernkontenplan sichergestellt. Bei der Analyse von Jahresabschlüssen gemäß UGB und dHGB wird diese wesentlich erleichtert, da, wie in den Kapiteln 2. und 3. dargestellt, die Gliederung durch das Gesetz vorgegeben und stetig beizubehalten ist. Dennoch bestehen auch nach UGB und dHGB Auslegungsspielräume in der Darstellung. Die IFRS bieten keine vorgegebene einheitliche Gliederung,[199] was die betriebsübergreifende Vergleichbarkeit erschwert.

Das Ergebnis der nach den Zielen der anstehenden Analyse adaptierten Gliederung und Verdichtung des ursprünglichen Abschlusses wird als **Strukturbilanz** und **Strukturergebnisrechnung** bezeichnet. In deren Struktur finden dann folglich, unter Beachtung der Grundregeln der doppelten Buchführung, Bereinigungen statt.

6.2.3. Beispiele für Bereinigungen

In der folgenden Tabelle werden mögliche Bereinigungen und deren Erfassung in der Strukturbilanz- bzw Strukturergebnisrechnung dargestellt.[200] Je Analysezweck sind erforderliche Bereinigungen separat zu definieren.

WAS	SOLL GuV	HABEN GuV	SOLL Bilanz	HABEN Bilanz
Eliminierung des Firmenwerts		▾ Abschreibungen des GJ	▾ Eigenkapital	▾ Firmenwert
Anpassung aktiver latenter Steuern auf den Firmenwert			▾ Eigenkapital	▾ latente Steuern
nicht betriebsnotwendiges Vermögen zum Verkauf			▴ Umlaufvermögen	▾ Anlagevermögen
Aktivierung von geleasten Gegenständen	▴ Abschreibungen des GJ	▾ Leasingaufwand des GJ	▴ Anlagevermögen	▴ Verbindlichkeiten

199 Bzw nur in engem Rahmen – vgl Kapitel 4.

200 Diese haben wir aus unserer praktischen Tätigkeit abgeleitet, wobei wir uns in der Bezeichnung an jene von *Egger/Bertl/Hirschler/Mittelbach-Hörmanseder* (2019) anlehnen.

WAS	SOLL GuV	HABEN GuV	SOLL Bilanz	HABEN Bilanz
stille Reserven im Anlagevermögen			▲ Anlagevermögen	▲ Eigenkapital
stille Lasten im Anlagevermögen			▼ Eigenkapital	▼ Anlagevermögen
Eliminierung von aktivierten Entwicklungsaufwendungen	▲ Aufwendungen des GJ		▼ Eigenkapital	▼ Anlagevermögen
Rückstellung stiller Lasten	▲ Aufwand des GJ		▼ Eigenkapital	▲ Rückstellungen
Ausgleich Schulden mit Überschuss an liquiden Mitteln			▼ Verbindlichkeiten	▼ Zahlungsmittel
Umgliederung von Gewinnausschüttungen			▼ Eigenkapital	▲ Verbindlichkeiten

	Bereinigung der Aktiva
	Summe der Aktiva laut Bilanz
–	derivativer Firmenwert
–	aktive latente Steuern auf den Firmenwert
+	geleaste Vermögensgegenstände
+	bekannte stille Reserven
–	bekannte stille Lasten
–	aktivierte Entwicklungsaufwendungen
+	aktive latente Steuern auf stille Lasten
–	passive latente Steuern auf stille Reserven
–	liquide Mittel (Überschuss über Verbindlichkeiten verbleibt auf Aktivseite)

	Bereinigung des Eigenkapitals
	Summe des Eigenkapitals laut Bilanz
–	derivativer Firmenwert
–	aktive latente Steuern auf den Firmenwert
+	geleaste Vermögensgegenstände
+	bekannte stille Reserven
–	bekannte stille Lasten
–	aktivierte Entwicklungsaufwendungen
–	bekannte Gewinnausschüttungen

	Bereinigung der langfristigen Verbindlichkeiten
+	Rückstellungen für Abfertigungen und Pensionen
+	sonstige langfristige Rückstellungen
+	Verbindlichkeiten mit einer Restlaufzeit > 1 Jahr
+	Leasingverbindlichkeit mit einer Restlaufzeit > 1 Jahr
+	passive latente Steuern auf stille Reserven
–	abzüglich Überschuss der liquiden Mittel über kurzfristige Verbindlichkeiten

	Bereinigung der kurzfristigen Verbindlichkeiten
+	sonstige kurzfristige Rückstellungen
+	Verbindlichkeiten mit einer Restlaufzeit ≤ 1 Jahr
+	Leasingverbindlichkeit mit einer Restlaufzeit ≤ 1 Jahr
+	geplante Gewinnausschüttungen
+	Rechnungsabgrenzungsposten
+	passive latente Steuern auf stille Lasten
–	abzüglich liquider Mittel

Tab 26: Darstellung möglicher Bereinigungen

Der derivative Firmenwert resultiert aus dem Erwerb eines Unternehmens zu einem Kaufpreis, der über dem Buchwert des Eigenkapitals liegt. Der Unterschiedsbetrag wird in der Kaufpreisallokation (Purchase Price Allocation) auf die einzelnen Vermögensgegenstände und Schulden verteilt (Neubewertung). Der verbleibende Teil des Unterschiedsbetrags wird im Firmenwert dargestellt. Dieser steht für die im Kaufpreis eingeschätzte künftige Ertragskraft des erworbenen Unternehmens. Im UGB und im dHGB wird der Firmenwert, soweit die Nutzungsdauer nicht näher bestimmbar ist, auf zehn Jahre abgeschrieben (im österreichischen und deutschen Einkommensteuerrecht jeweils auf 15 Jahre).[201] In den IFRS werden jährliche Impairment Tests durchgeführt, und nur wenn der resultierende Nutzungswert unter dem Buchwert liegt, erfolgt eine Abschreibung. Nach Eingliederung des erworbenen Unternehmens ist der Firmenwert separat nur schwer verwertbar. Seine Ertragskraft ging mit der Eingliederung in die laufenden Erträge des analysierten Unternehmens ein. Er wird deshalb häufig in Analysen ausgeschieden. Aufgrund der unterschiedlichen Buchwerte, die aus der Nutzungsdauer resultieren, sind auch die latenten Steuern zu adaptieren.

Nicht betriebsnotwendiges Vermögen, das zum Verkauf steht, kann im Umlaufvermögen dargestellt und auch dementsprechend bewertet werden,[202] wenn dies dem Analysezweck dient.

201 Vgl § 203 Abs 5 UGB, § 253 Abs 3 dHGB, § 8 Abs 3 EStG, § 7 Abs 1 dEStG.

202 Im UGB und im dHGB nach dem strengen Niederstwertprinzip, in den IFRS erfolgt der Ausweis üblicherweise bereits nach IFRS 5 zum niedrigeren Wert aus Buchwert und Verkaufswert abzüglich von Veräußerungskosten.

Geleaste und gemietete Vermögensgegenstände werden in Jahresabschlüssen nach UGB und dHGB nicht in der Bilanz aktiviert, wenn es sich um Operating-Leasingverhältnisse handelt (siehe Kapitel 5.3.4.). Ein Unternehmen, das sein Anlagevermögen erwirbt oder Finanzierungsleasingverträge abschließt – also im wirtschaftlichen Eigentum hält –, aktiviert hingegen das Anlagevermögen, was eine wesentliche Auswirkung auf das Bild der Vermögens-, Finanz- und Ertragslage haben kann. In UGB- und dHGB-Abschlüssen werden im Anhang wesentliche künftige Aufwendungen für nicht in der Bilanz ausgewiesenes, sondern gemietetes oder geleastes Anlagevermögen angegeben. Diese Angabe kann eine grobe Bereinigung der Strukturbilanz für Analysezwecke ermöglichen, indem die angegebenen Aufwendungen auf den Analysezeitpunkt abgezinst und in der Strukturbilanz aktiviert, bzw die Leasingverbindlichkeiten passiviert werden. Die Miet- bzw Leasingaufwendungen werden dann in der Erfolgsrechnung durch die Abschreibung und Zinsaufwendungen ersetzt.

Aktivierte Entwicklungsaufwendungen in einer Analyse zu aktivieren ist ohne weitere, interne Informationen schwierig. Häufig kann der Weg der Eliminierung von aktivierten Entwicklungsaufwendungen einfacher sein, um Vergleichbarkeit zwischen mehreren Unternehmen herzustellen.

Stille Lasten werden in der Analyse passiviert. Darauf können aktive latente Steuern resultieren. Stille Reserven werden aktiviert. Darauf können passive latente Steuern resultieren.

Bereits beschlossene oder geplante Gewinnausschüttungen werden bereits aus dem Bilanzgewinn in die Verbindlichkeiten umgegliedert.

Die liquiden Mittel werden von den Verbindlichkeiten abgezogen. Soweit bekannt ist, wie hoch der operativ notwendige Bestand an liquiden Mitteln ist, der zur kurzfristigen Aufrechterhaltung der laufenden Geschäftstätigkeit benötigt wird, kann dieser auf der Aktivseite verbleiben. Der Saldo der liquiden Mittel am Jahresende wird im Jahresvergleich häufig schwanken, weshalb diese Bereinigung zu einer sinnvolleren Analysebasis führt.

6.2.4. Die einheitliche Gliederung des „Bank for the Accounts of Companies Harmonised (BACH)"-Projekts

Um die Analyse von Jahresabschlüssen innerhalb Europas zu ermöglich, wurde durch die Europäische Kommissionen das BACH-Projekt zur Analyse der finanziellen Struktur und Performance von europäischen Unternehmen gestartet. Im Zuge dessen wurde eine Datenbank entwickelt, in die die nationalen Daten von Österreich, Belgien, Tschechien, Deutschland, Spanien, Frankreich, Kroatien, Italien, Luxemburg, Polen, Portugal und der Slowakei eingemeldet werden. Zusätzlich wurden eine einheitliche Bilanz- und GuV-Struktur sowie einheitliche Anhangangaben für diese Länder entwickelt, um einen Vergleich zu ermöglichen. Der Vereinheitlichung der BACH-Datenbank sind dieselben Grenzen gesetzt wie einer Jahresabschlussanalyse – eine Gewähr für die betriebsübergreifende korrekte Verdichtung und Gliederung gibt es nicht. Die große Datengrundgesamtheit kann einzelnen Ausreißern entgegenwirken. Eine unbedachte Übernahme wird jedoch nicht empfohlen. Die Daten der BACH-Datenbank werden nach NACE Sektionen (Statistische Systematik der Wirtschaftszweige der Europäischen Union) gegliedert.[203]

6.2.4.1. Aktivseite der Bilanz des BACH-Projekts

Die Gliederung der einheitlichen Bilanz-Aktivseite ist folgender Übersicht zu entnehmen:

Aktiva in % der Bilanzsumme		**Inhalt**
A1	Anlagevermögen	(A11 + A12 + A13)
A11	Immaterielles Anlagevermögen	Beinhaltet Marken, Patente, Schutzrechte, Lizenzen usw, auch wenn diese Vermögenswerte als Finanzierungsleasing geführt werden. Dieser Posten beinhaltet außerdem Firmenwerte, sofern gesondert ausgewiesen.
A12	Sachanlagevermögen	Beinhaltet Grundwerte, Gebäude, Maschinen, Büro und Geschäftsausstattung usw, auch wenn diese Vermögenswerte als Finanzierungsleasing geführt werden. Dieser Posten beinhaltet außerdem biologische Vermögenswerte und als Finanzinvestitionen gehaltene Immobilien.
A13	Finanzanlagevermögen	Beinhaltet Anteil und Ausleihungen an sonstigen Unternehmen.
A131	davon Anteile an verbundenen und assoziierten Unternehmen sowie Genussrechten	Details zum Finanzanlagevermögen betreffend Anteile an verbundenen Unternehmen, assoziierten Unternehmen und gemeinschaftlich geführten Unternehmen.
A2	Vorräte	Beinhaltet Roh-, Hilfs- und Betriebsstoffe, Handelswaren, unfertige und fertige Erzeugnisse sowie verbrauchbare biologische Vermögenswerte.
A21	davon geleistete Anzahlung	Details zu den geleisteten Anzahlungen auf Vorräte.
A3	Forderungen aus Lieferungen und Leistungen	Beinhaltet Kreditgewährungen an Kunden für Lieferungen oder Leistungen saldiert mit erhaltenen Vorauszahlungen (ausgenommen erhaltene Anzahlungen in L5).
A4	Sonstige Forderungen	Beinhaltet sonstige Forderungen (außer aus Lieferungen und Leistungen) sowie kurzfristige zur Veräußerung gehaltene Vermögenswerte (saldiert mit den damit verbundenen Verbindlichkeiten).
A41	kurzfristiger Teil	

203 Vgl BACH (2022).

Aktiva in % der Bilanzsumme		Inhalt
A42	langfristiger Teil	
A5	Aktive Rechnungs-abgrenzung	Beinhaltet aktive latente Steuern und Rechnungs-abgrenzungsposten.
A51	kurzfristiger Teil	
A52	langfristiger Teil	
A6	Sonstige kurzfristige finanzielle Vermögens-werte	Beinhaltet für Handelszwecke gehaltene finanzielle Vermögenswerte und Derivate.
A7	Liquide Mittel	Beinhaltet Kassa, Bank- und sonstige Guthaben bei Finanzinstituten.
A	Bilanzsumme	(A1 + A2 + A3 + A4 + A5 + A6 + A7) = E + L

Tab 27: Die Aktivseite der BACH-Bilanz

6.2.4.2. Passivseite der Bilanz des BACH-Projekts

Die Gliederung der einheitlichen Bilanz-Passivseite zeigt sich wie folgt:

Eigenkapital und Schulden in % der Bilanzsumme		Inhalt
E1	Grundkapital, Rück-lagen, Bilanzgewinn und andere Eigen-kapitalinstrumente	Beinhaltet Grundkapital, Rücklagen, Eigene Anteile und sonstige Eigenkapitalinstrumente. noch aus-stehende Einlagen werden saldiert ausgewiesen. Der Posten beinhaltet außerdem das kumulierte Ein-kommen vergangener Perioden, das Jahresergebnis sowie vorausbezahlte Dividenden.
E2	Neubewertungen, An-passungen von Finanz-investitionen und sons-tiges Ergebnis	Beinhaltet die Veränderung aus der Neubewertung von Sach- und immateriellen Anlagevermögen, im Eigenkapital erfasste Anpassungen von finanziellen Vermögenswerten, und sonstige Eigenkapital-veränderungen.
E	Summe Eigenkapital	(E1 + E2)
Lp	Rückstellungen	Beinhaltet alle Rückstellungen.
Lp1	davon Rückstellungen für Pensionen und pensionsähnliche Verpflichtungen	Detail der Rückstellungen für Leistungen nach Beendigung des Arbeitsverhältnisses.
L1	Anleihen und anleihe-nänliche Verpflichtungen	Beinhaltet Anleihen und Wertpapiere, die von der Gesellschaft begeben wurden.
L11	kurzfristiger Teil	

Eigenkapital und Schulden in % der Bilanzsumme		Inhalt
L12	langfristiger Teil	
L2	Bankverbindlichkeiten	Beinhaltet Schulden der Gesellschaft bei Finanzinstitutionen und Kreditinstituten (inklusive Leasing).
L21	kurzfristiger Teil	
L22	langfristiger Teil	
L3	Sonstige Verbindlichkeiten	(L31 + L32)
L31	sonstige finanzielle Verbindlichkeiten	Beinhaltet die verbleibende Finanzierung der Gesellschaft (exklusive Finanzierungen aus L1 und L2).
L311	kurzfristiger Teil	
L312	langfristiger Teil	
L32	sonstige nicht-finanzielle Verbindlichkeiten	Beinhaltet sonstige Verbindlichkeiten (außer solchen aus Lieferungen und Leistungen)
L321	kurzfristiger Teil	
L322	langfristiger Teil	
L4	Verbindlichkeiten aus Lieferungen und Leistungen	Beinhaltet Verbindlichkeiten aus Lieferungen und Leistungen, saldiert mit Vorauszahlungen (ausgenommen Anzahlungen in A21).
L5	erhaltene Anzahlungen, kurzfristiger Teil	Beinhaltet erhaltene Anzahlungen auf Bestellungen.
L6	Passive Rechnungsabgrenzung	Beinhaltet passive latente Steuern und passive Rechnungsabgrenzungsposten.
L61	kurzfristiger Teil	
L62	langfristiger Teil	
L	Summe Schulden	(Lp + L1 + L2 + L3 + L4 + L5 + L6)

Tab 28: Die Passivseite der BACH Bilanz

6.2.4.3. Einheits-Gewinn- und Verlustrechnung des BACH-Projekts

Hier schließlich die einheitliche Gewinn- und Verlustrechnung:

GuV in % der Umsatzerlöse		Inhalt
I1	Umsatzerlöse Netto	Beinhaltet Umsätze aus Lieferungen und Leistungen abzüglich Rücklieferungen, Abzügen und Rabatten. Umsätze netto exklusive Umsatz- und Verbrauchsteuern.
I2	Bestandsveränderung	Beinhaltet Veränderungen von Produktionserzeugnissen in der Gewinn- und Verlustrechnung.
I3	Aktivierte Eigenleistungen	Beinhaltet aktivierte Aufwendungen der Gesellschaft der Periode.
I4	Sonstige Erträge	Beinhaltet sonstige Erträge mit Ausnahme der in den vorherigen Posten angeführten (I1, I2 und I3).
I41	davon operative Zuschüsse und Förderungen	Details der sonstigen Erträge betreffend Zuschüsse und Förderungen.
I42	davon Finanzerträge	Details zum sonstigen Ertrag betreffend Finanzerträge.
I43	davon außerordentliche Erträge	Details zum sonstigen Ertrag betreffend außerordentliche Erträge.
I5	Herstellkosten, Material und Verbrauchsmaterial	Beinhaltet Materialaufwendungen und Herstellkosten der Periode.
I6	Aufwand für bezogene Leistungen	Beinhaltet Aufwendungen für bezogene Leistungen der Periode.
I7	Personalaufwand	Beinhaltet Personalaufwendungen der Periode.
I8	Sonstiger Aufwand	Beinhaltet sonstige Aufwendungen mit Ausnahme der vorher erfassten (I5, I6 und I7).
I81	davon sonstige betriebliche Steuern und betriebliche Gebühren	Details der Aufwendungen aus sonstigen betrieblichen Steuern und Abgaben.
I82	davon Rückstellungen (saldiert mit den Auflösungen)	Details zu den Aufwendungen für Rückstellungen (saldiert mit den Erträgen).
I83	davon Finanzaufwendungen mit Ausnahme von Zinsen auf Finanzverbindlichkeiten	Details zu den sonstigen finanziellen Aufwendungen, ausgenommen Zinsen auf Finanzverbindlichkeiten (aus I10).

GuV in % der Umsatzerlöse		Inhalt
I84	davon außerordentliche Aufwendungen und außerplanmäßige Abschreibungen (saldiert mit Auflösungen), ausgenommen auf Vorräte und Forderungen	Details zu sonstigen außerordentlichen Aufwendungen und Zuschreibungen/Abschreibungen auf den Marktwert und außerplanmäßige Abschreibungen (saldiert mit den Zuschreibungen), ausgenommen außerplanmäßige Abschreibungen aus I85.
I85	davon Abschreibungen (saldiert mit den Auflösungen) auf Vorräte und Forderungen	Details der sonstigen Aufwendungen betreffend außerplanmäßige Abschreibungen (saldiert mit den Zuschreibungen) auf Vorräte und Forderungen.
I9	Abschreibungen auf immaterielles und Sachanlagevermögen	Beinhaltet Abschreibungen auf Vermögenswerte in den Posten A11 und A12 der Periode.
I10	Zinsen auf Finanzverbindlichkeiten	Beinhaltet Finanzierungsaufwendungen der Periode.
I11	Steuern vom Einkommen und vom Ertrag	Beinhaltet Steuern vom Einkommen und vom Ertrag der Periode.
It1	Summe Erträge	(I1 + I2 + I3 + I4)
It2	Summe Aufwendungen	(I5 + I6 + I7 + I8 + I9 + I10 + I11)
It3	Gewinn/Verlust der Periode	(It1 – It2)

Tab 29: Die BACH-Gewinn- und Verlustrechnung

6.2.4.4. Einheitliche Anhangangaben des BACH-Projekts

Die einheitlichen Anhangangaben beschränken sich auf quantitative Angaben zu den Investitionen wie folgt:

Anmerkung: in % der Bilanzsumme		**Inhalt**
N1	Zugänge abzüglich Erträge/Aufwendungen aus dem Abgang von immateriellen Anlagevermögen	Beinhaltet die Zugänge abzüglich der Erträge/Aufwendungen aus dem Abgang der Periode betreffend dem Posten A11 der Bilanz.
N2	Zugänge abzüglich Erträge/Aufwendungen aus dem Abgang von Sachanlagen	Beinhaltet die Zugänge abzüglich der Erträge/Aufwendungen aus dem Abgang der Periode betreffend dem Posten A12 der Bilanz.
N3	Zugänge abzüglich Erträge/Aufwendungen aus dem Abgang von Finanzanlagen	Beinhaltet die Zugänge abzüglich der Erträge/Aufwendungen aus dem Abgang der Periode betreffend dem Posten A13 der Bilanz.

Tab 30: Die BACH-Notes-Angaben

6.3. Ermittlung der Analysewerte

Auf Basis der aufbereiteten und bereinigten Daten werden im nächsten Schritt die Analysewerte ermittelt. Analysewerte in unserem Sinne können **Absolutwerte, Kennzahlen** oder auch **Kennzahlensysteme** sein.[204]

6.3.1. Absolutwerte

Absolutwerte einer Periode betreffen entweder einzelne aufbereitete Bilanz- oder GuV-Posten oder werden durch weitere Summen- und Differenzenbildung der aufbereiteten Daten einer Periode gebildet. Werden Durchschnitte über mehrere Perioden identischer Absolutwerte gebildet, ergibt sich ebenfalls wieder ein Absolutwert. Die Einheit ist in Deutschland und in Österreich zumeist Euro oder Euro/Jahr. Beispiele für Absolutwerte sind der Umsatz (in Euro/Jahr) oder der Vorratsbestand (in Euro). Wird ein durchschnittlicher Vorratsbestand aus Anfangs- und Endbestand gebildet, ergibt sich der durchschnittliche Vorratsbestand eines Jahres (in Euro/Jahr).

6.3.2. Kennzahlen

Kennzahlen in unserem Sinne sind Verhältniszahlen zwischen Absolutwerten. Werden Einzelwerte der Bilanz oder Gewinn- und Verlustrechnung zur Summe dieser und weiterer

204 Vgl *Wagenhofer* (2019) 194.

Einzelwerte der Bilanz oder Gewinn- und Verlustrechnung gesetzt, sprechen wir von einem **Anteil** oder einer **Gliederungskennzahl**. Diese wird üblicherweise in Prozent angegeben, beispielsweise der Anteil des Anlagevermögens am Gesamtvermögen. Werden Absolutwerte oder Veränderungen von Absolutwerten über mehrere Perioden in Relation gesetzt, sprechen wir von **Wachstumsraten, Abschmelzraten** oder auch **Indexzahlen**. Ein Beispiel wäre das Umsatzwachstum in Prozent. Alle weiteren Relationen von Absolutwerten bezeichnen wir allgemein als **Verhältniskennzahlen**. Nachdem nur sinnvolle **Verhältniskennzahlen** gebildet werden sollen, bei denen auch ein Sachzusammenhang besteht, werden solche Kennzahlen auch als **Beziehungskennzahlen** bezeichnet. Ein Beispiel für eine Verhältniskennzahl wäre die Gesamtkapitalrentabilität, bei der das EBIT in Relation zum durchschnittlichen Gesamtkapital betrachtet wird.

6.3.3. Kennzahlensysteme

Da einzelne Kennzahlen oft nicht ausreichen, um die Ziele der Analyse abzudecken, werden im Regelfall mehrere Kennzahlen zu Kennzahlensystemen zusammengefasst. Im Idealfall decken diese Kennzahlen die Ziele der Analyse ab, ohne dabei redundante oder für die Ziele nicht aussagekräftige Kennzahlen zu enthalten. Werden die Kennzahlen eines Kennzahlensystems in weiterer Folge zu einer einzelnen Kennzahl verknüpft, spricht man auch von **Spitzenkennzahlensystemen**.[205]

6.4. Beurteilung der Analysewerte und Ursachenanalyse

Wurden die Analysewerte aus den vorhandenen Daten ermittelt, müssen diese im nächsten Schritt interpretiert werden. Wie bereits erwähnt, ist der wesentliche Ansatz für die Beurteilung der Analysewerte der Vergleich. Je nach Ziel der Analyse werden die Ergebnisse verglichen mit[206]

- anderen Unternehmen,
- demselben Unternehmen zu unterschiedlichen Stichtagen im Zeitablauf,
- Sollwerten.

Vergleiche können beispielsweise mit Konkurrenzunternehmen, betriebsintern zwischen Betriebsstätten oder konzernintern zwischen Schwestergesellschaften erfolgen. Häufig wird auch eine Gruppe von Vergleichsunternehmen in derselben Branche mit ähnlicher Größe und ähnlichen geografischen Merkmalen zu sogenannten **Peer Groups** zusammengefasst. Es kann auch ein gesamter Industriezweig oder eine Gruppe von Industriezweigen zum Vergleich herangezogen werden. Von einem betriebsübergreifenden Vergleich von Jahresabschlüssen nach unterschiedlichen Rechnungslegungsvorschriften, wie etwa UGB mit IFRS oder dHGB mit IFRS, wird abgeraten, wenn nicht das erforderliche Know-how und die Informationen zur Erstellung einer Überleitungsrechnung der wesentlichen Unterschiedsbeträge vorhanden sind oder auf anderem Weg Verständnis über die Unterschiede geschaffen werden kann. Die Rechnungslegungsnormen nach UGB und dHGB haben, wie in Kapitel 5. dargestellt, weniger Unterschiede, die im

205 Siehe beispielsweise das DuPont-Schema in Kapitel 7.12.
206 Vgl *Lachnit/Müller* (2017) 61–64; *Wagenhofer* (2019) 195.

Vergleich beachtet werden müssen. Beim betriebsübergreifenden Vergleich bleibt zu beachten, dass Wahlrechte und Ermessensentscheidungen unternehmensindividuell unterschiedlich genutzt werden können. Bilanzpolitische Maßnahmen sind für Außenstehende häufig nur eingeschränkt zu erkennen und zu bereinigen, wie in Kapitel 6.2.1.4. dargestellt wird. Auch beim Vergleich von Unternehmen unterschiedlicher Branchen ist Vorsicht geboten, da die Grundvoraussetzungen an die notwendige Vermögens-, Finanz- und Ertragslage vollkommen unterschiedlich sein können.

Ein weiterer Ansatzpunkt ist der **Vergleich im Zeitablauf**. Werden die gleichen Kennzahlen im Zeitablauf regelmäßig ermittelt, kann auf Basis der Analyse der Veränderungen ein Rückschluss auf Entwicklungstendenzen gezogen werden. Wichtig ist jeweils die Ursachenanalyse für Veränderungen im Zeitablauf. Durch eine Analyse, aus der hervorgeht, dass die Ertragskraft des Unternehmens sinkt, ohne jedoch die Ursache dafür zu nennen, ist noch nicht viel gewonnen. Gerade die Beurteilung der Analysewerte und die Ursachenanalyse stellen in der Praxis eines der größten Probleme dar. Wie bereits unter Kapitel 1.4. dargestellt, ist gerade die Vergleichbarkeit oft mit Schwierigkeiten behaftet. Unterschiedliche Rechnungslegungsregime und die Ausnützung von Bilanzspielräumen führen dazu, dass objektiv identische Sachverhalte in der Bilanzanalyse zu unterschiedlichen Ergebnissen zwischen den Unternehmen führen können. Bei der Suche nach den Ursachen können aufgrund fehlender Zusatzinformationen oder Fehlinterpretationen von vorhandenen Informationen leicht falsche Schlüsse gezogen werden. Wirtschaftliche Ursachen für wesentliche Änderungen im Vergleich zur Vorperiode werden üblicherweise im Lagebericht näher erläutert.[207]

Aufgrund des Stetigkeitsgebots, das für UGB-[208], dHGB-[209] und IFRS-[210]Abschlüsse gilt, ist davon auszugehen, dass sachlich gleiche Sachverhalte von einem Unternehmen im Zeitablauf gleich bewertet und dargestellt werden oder wesentliche Änderungen im Anhang zu erläutern sind. In den IFRS wird das Stetigkeitsgebot durch retrospektive Änderungen durchbrochen, bei denen auch Vergleichszahlen der Vergangenheit angepasst werden. Schätzungsänderungen sind prospektiv (ohne Änderung der Vergangenheitsdaten) in der laufenden Gewinn- und Verlustrechnung bzw Bilanz umzusetzen. Änderungen der Rechnungslegungsmethoden (Anwendung eines neuen Standards) sind grundsätzlich (außer der Standard regelt es anders) retrospektiv anzuwenden, sodass auch die Vergleichszahlen des Vorjahres anzupassen sind und der im Ergebnis wirksame Effekt im Gewinnvortrag zu erfassen ist.[211] Fehlerkorrekturen sind in den IFRS grundsätzlich retrospektiv durchzuführen.[212] Retrospektiv bedeutet, dass die betroffenen Posten „rückwärts" so zu ermitteln sind, als wäre die Vorschrift schon immer so angewendet worden. Das heißt, die Änderung muss bis zur Eröffnungsbilanz der am frühesten im Abschluss präsentierten Periode erfolgen.[213] Im UGB und im dHGB sind

207 Zur Erstellungs- und Veröffentlichungspflicht eines Lageberichts nach UGB und dHGB siehe Kapitel 2. und Kapitel 3. Die IFRS selbst erfordern keinen separaten Lagebericht. Ein Konzernlagebericht ist jedoch ergänzend zum IFRS-Konzernabschluss in Österreich und Deutschland erforderlich.

208 Vgl § 201 Abs 2 Z 1 UGB, § 223 Abs 1 UGB.

209 Vgl § 252 Abs 1 Z 6 dHGB, § 265 Abs 1 dHGB.

210 Vgl IAS 8.14.

211 Vgl IAS 8.19.

212 Vgl IAS 8.42.

213 Vgl IAS 8.5.

Fehler in Jahresabschlüssen *grundsätzlich*[214] prospektiv, das heißt in der laufenden Gewinn- und Verlustrechnung und Bilanz anzupassen, Änderungen in Bilanzierungs- und Bewertungsmethoden im Anhang zu erläutern, soweit diese im Sinne des Stetigkeitsprinzips überhaupt zulässig sind.

Ein dritter Ansatzpunkt ist, realisierte Werte des Jahresabschlusses mit **Soll-Werten** zu vergleichen. Die Soll-Werte können zB innerbetriebliche Zielsetzungen, gesetzliche Anforderungen oder Erfahrungswerte sein. Innerbetriebliche Vergleiche der realisierten Werte mit Soll-Werten sind üblich, um die Zielerreichung des Managements oder von betriebsinternen Steuerungsmaßnahmen zu messen. Beim Unternehmenskauf hängt ein variabler Kaufpreis häufig von zu erreichenden Zielgrößen ab. Ein weiterer Anwendungsfall sind sogenannte Covenants, die in Kreditverträgen von finanzierenden Banken vorgegeben werden und die gegebenenfalls Folgen für den Kreditnehmer auslösen können, wenn sie nicht erreicht werden (beispielsweise Fälligstellung des Kredits, Beibringung weiterer Sicherheiten, etc).

6.5. Ableiten von Maßnahmen auf Basis der Beurteilung und Ursachenanalyse

Wurden die Analysewerte entsprechend beurteilt und Ursachen festgestellt, werden aus internen Analysen häufig Maßnahmen abgeleitet, um die Zielwerte (wieder) zu erreichen. Maßnahmen können je nach dem Ziel der Bilanzanalyse vielfältig sein. Beispielsweise kann eine Verminderung des Fremdkapitalanteils zur Erhöhung der Bonität beschlossen werden. Auch Kosteneinsparungsmaßnahmen, Kauf- oder Verkaufsentscheidungen und weitere aus der Unternehmensstrategie abgeleitete Maßnahmen können angedacht werden. Im Idealfall sollten für die Maßnahmen Zielwerte definiert werden, um eine spätere Kontrolle zu ermöglichen.

6.6. Kontrolle der Ergebnisse der Maßnahmen

Nach Umsetzung der Maßnahmen sollte deren Erfolg auch im Zeitablauf überwacht werden. Üblicherweise wird die innerbetriebliche Bilanzanalyse in regelmäßigen Zeitabständen erneut durchgeführt, um die Wirksamkeit der Maßnahmen zu überprüfen. In vielen Unternehmen kommt es zu einer Institutionalisierung der Kontrolle durch regelmäßige Berichterstattung von Analysewerten.

214 Vgl für die deutsche Rechtslage: *Deutsches Rechnungslegungs Standards Committee e.V.*, DRS 13 – Grundsatz der Stetigkeit und Berichtigung von Fehlern (2017); *Institut der Wirtschaftsprüfer*, IDW RS HFA 6 (2007). Vgl für die österreichische Rechtslage: *Austrian Financial Reporting and Auditing Committee*, AFRAC – Stellungnahme 39 Änderung von Abschlüssen und Lageberichten (UGB) (2021). In Deutschland und Österreich wird eine retrospektive Änderung grundsätzlich nur gefordert, wenn die zeitnahe Informationsvermittlung durch eine Richtigstellung in einem laufenden Abschluss nicht erzielt werden kann.

7. Ausgewählte Analysewerte der Bilanzanalyse

Im folgenden Kapitel präsentieren wir praxisrelevante Kennzahlen und würdigen sie. Zunächst werden absolute Cashflow- und Ergebniskenngrößen diskutiert, die auch für viele weitere Kennzahlen die Grundlage bilden. Für die anschließenden Kennzahlen wird jeweils die Formel dargestellt und anhand eines einfachen Beispiels berechnet. Danach folgen die Interpretation und eine Darstellung der Probleme in der Analyse der jeweiligen Kennzahl. Um einen Eindruck zu erhalten, welche Dimensionen die Kennzahlen in der Praxis annehmen können, werden – sofern die Daten vorhanden waren – die Kennzahlen anhand der Daten des BACH-Projekts berechnet. Die Berechnung erfolgt gegliedert nach den NACE-Sektionen. Diese Daten sind jedenfalls mit Vorsicht zu betrachten. Sie umfassen aufgrund der im Zeitraum der Erstellung dieses Buchs laufenden Datenbankumstellung und eingeschränkt verfügbaren Daten lediglich die Länder Österreich, Belgien, Tschechien, Deutschland, Spanien, Frankreich, Kroatien, Italien, Luxemburg, Polen, Portugal und die Slowakei. Die Datenbank umfasst außerdem nur einen beschränkten Umfang aller Jahresabschlüsse. Sie sollten jedoch ausreichen, um den Zweck eines ersten Eindrucks zu erfüllen.

7.1. Schnelltestverfahren

Aus den dargelegten Gesichtspunkten im Kapitel 6. wird ersichtlich, dass eine detailgetreue Bilanzanalyse ein aufwendiger Prozess ist. Demgegenüber wurden zur schnellen, aber auch groben Analyse Schnelltestverfahren entwickelt. Eines der bekanntesten Schnelltestverfahren ist der von *Kralicek*[215] entwickelte sogenannte Quick-Test. Bei diesem Test werden folgende vier Kennzahlen berechnet:

- Eigenkapitalquote[216]
- Schuldentilgungsdauer[217]
- Gesamtkapitalrentabilität[218]
- Cashflow in Prozent der Betriebsleistung[219]

Die Auswertung der Kennzahlen erfolgt anhand einer Tabelle, in der die Ergebnisse in ein Schulnotensystem klassifiziert werden.

---

215 Unter anderem auf der Website des Gründers verfügbar: https://www.kralicek.at/.
216 Siehe hierzu im Detail Kapitel 7.9.1.
217 Siehe hierzu im Detail Kapitel 7.10.1.
218 Siehe hierzu im Detail Kapitel 7.7.3.
219 Siehe hierzu im Detail Kapitel 7.2. & 7.10.2.

Siehe hierzu folgende Tabelle:

Quick Test Skala					
Kennzahl	Sehr Gut (1)	Gut (2)	Mittel (3)	Schlecht (4)	Insolvent (5)
Schuldentilgungs-dauer	< 3 Jahre	< 5 Jahre	< 12 Jahre	> 12 Jahre	> 30 Jahre
Eigenkapitalquote	> 30 %	> 20 %	> 10 %	< 10 %	< 0 %
Zwischennote 1: Finanzielle Stabilität	Arithmetisches Mittel der Noten aus der Schuldentilgungsdauer und der Eigenkapitalquote				
Cashflow in % der Betriebsleistung	> 10 %	> 8 %	> 5 %	< 5 %	< 0 %
Gesamtkapitalren-tabilität	> 15 %	> 12 %	> 8 %	< 8 %	< 0 %
Zwischennote 2: Ertragskraft	Arithmetisches Mittel der Noten aus der Cashflow-Leistungsrate und der Gesamtkapitalrentabilität				
Gesamtnote	Arithmetisches Mittel der beiden Zwischennoten (dh alle vier Kennzahlen)				

Tab 31: Beurteilungsskala Quick-Test (Darstellung nach: *Mussnig/Juritsch/Rausch/Sitter* [2021] 293)

Die Vorteile des Quick-Tests liegen in seiner einfachen und schnellen Anwendung und einem schnellen Überblick über die Lage des Unternehmens. Es ist kein umfangreiches fachspezifisches Vorwissen notwendig. Und durch das Beurteilungsschema anhand eines Schulnotensystems sind die Ergebnisse auch für Laien leicht interpretierbar.[220]

Ein Quick-Test hat jedoch auch nennenswerte Nachteile. Mangelndes Verständnis über den Jahresabschluss und das Umfeld des Unternehmens sowie mangelndes Basisverständnis über die Rechnungslegung führen zu Fehlinterpretationen. Die Beurteilung des Quick-Tests erfolgt auf Basis unvollständiger Informationen. So werden beispielsweise relevante Brancheninformationen nicht in die Beurteilung miteinbezogen. Ein Quick-Test wurde primär für die Analyse von Jahresabschlüssen nach dem UGB konzipiert. Demnach ist eine Analyse mittels Quick-Test bei IFRS-Jahresabschlüssen sehr kritisch zu sehen. Allgemein lässt sich festhalten, dass ein Quick-Test kein Ersatz für allgemein anerkannte und wirtschaftswissenschaftlich fundierte Analysemethoden darstellt. Ebenso kann der Quicktest ein eigenes Verständnis über den Jahresabschluss sowie ein Grundverständnis über Bilanzierung nicht ersetzen.[221]

220 Vgl *Mussnig/Juritsch/Rausch/Sitter* (2021) 290.
221 Vgl *Baumüller/Kreuzer* (2014) 246 f.

7.2. Cashflowkenngrößen

Wie bereits unter Kapitel 1.5. dargestellt, ist eine Cashflowrechnung (Kapitalflussrechnung) sowohl bei UGB- bzw dHGB- als auch bei IFRS-Konzernabschlüssen verpflichtender Bestandteil des Abschlusses. Für die Erstellung der Cashflowrechnung gemäß UGB und dHGB gibt es keine gesetzliche Regelung, allerdings besteht für Österreich eine Empfehlung in Form einer Stellungnahme des *Austrian Financial Reporting and Auditing Committee* in der AFRAC-Stellungnahme 36 und für Deutschland in der Stellungnahme des *DRSC* DRS 21. Zwischen dem nachrangigen Recht in Österreich und dem in Deutschland bestehen inhaltlich keine wesentlichen Unterschiede, da in beiden Fällen eine sehr starke Orientierung an IAS 7 zu erkennen ist. Für die Erstellung einer Cashflowrechnung eines IFRS-Konzernabschlusses werden die Regelungen im IAS 7 dargelegt. Für Zwecke der Bilanzanalyse sind je nach vorhandenen Informationen noch weitere Berechnungsmethoden denkbar. Beispiel hierfür ist die Cashflowberechnung nach SFAS 95 des *Financial Accounting Standard Boards*, ÖVFA (*Österreichische Vereinigung für Finanzanalyse & Asset Management*), die in der Grundkonzeption ähnlich ist und grundsätzlich keine wesentlichen Unterschiede zu IAS 7 aufweist. Unabhängig vom verwendeten Rechnungslegungssystem kann zunächst zwischen der direkten und der indirekten Ermittlung unterschieden werden.

7.2.1. Direkte vs indirekte Ermittlung des Cashflows

Die beiden Ermittlungsmethoden sind in nachfolgender Tabelle schematisch dargestellt:

Direkte Ermittlung		Indirekte Ermittlung	
			Jahreserfolg
+	Einzahlungen	+	nicht zahlungswirksame Aufwendungen
–	Auszahlungen	–	nicht zahlungswirksame Erträge
=	**Cashflow**	=	**Cashflow**

Tab 32: Schematische Ermittlung des Cashflows

	Ergebnis vor Steuern
+/–	Abschreibungen/Zuschreibungen auf Vermögensgegenstände des Bereichs Investitionstätigkeit
–/+	Gewinne/Verluste aud dem Abgang von Vermögensgegenständen des Bereichs Investitionstätigkeit
–/+	Beteiligungserträge, Erträge aus anderen Wertpapieren und Ausleihungen des Finanzanlagevermögens sowie sonstige Zinsen und ähnliche Erträge/Zinsen und ähliche Aufwendungen
+/–	sonstige zahlungswirksame Aufwendungen/Erträge
=	*Netto-Geldfluss aus dem betrieblichen Ergebnis*
–/+	Zunahme/Abnahme der Vorräte, der Forderungen aus Lieferungen und Leistungen sowie anderer Aktiva
+/–	Zunahme/Abnahme von Rückstellungen
+/–	Zunahme/Abnahme der Verbindlichkeiten aus Lieferungen und Leistungen sowie anderer Passiva
=	*Netto-Geldfluss aus der betrieblichen Tätigkeit vor Steuern*
–	Zahlungen für Ertragssteuern
=	***Netto-Geldfluss aus der betrieblichen Tätigkeit (1)***
	Einzahlungen aus Anlagenabgang (ohne Finanzanlagen)
+	Einzahlungen aus Finanzanlagenabgang und sonstigen Finanzinvestitionen
–	Auszahlungen für Anlagenzugang (ohne Finanzanlagen)
–	Auszahlungen für Finanzanlagenzugang und sonstige Finanzinvestitionen
+	Einzahlungen aus Beteiligungs-, Zinsen- und Wertpapiererträgen
=	***Netto-Geldfluss aus der Investitionstätigkeit (2)***
	Einzahlungen von Eigenkapital
–	Rückzahlungen von Eigenkapital
–	ausbezahlte Ausschüttungen
+	Einzahlungen aus der Begebung von Anleihen und der Aufnahme von Finanzkrediten
–	Auszahlungen für die Tilgung von Anleihen und Finanzkrediten
–	Auszahlungen für Zinsen und ähnliche Aufwendungen
	Netto-Geldfluss aus der Finanzierungstätigkeit (3)
=	**zahlungswirksame Veränderungen der Zahlungsmittel und Zahlungsmitteläquivalente *(Summe aus 1, 2 & 3)***
+/–	wechselkursbedingte und sonstige Wertänderungen der Zahlungsmittel und Zahlungsmitteläquivalente
+	Zahlungsmittel und Zahlungsmitteläquivalente am Beginnn der Periode
=	**Zahlungsmittel und Zahlungsmitteläquivalente am Ende der Periode**

Tab 33: Indirekter Cashflow gemäß AFRAC-Stellungnahme 36

In der Praxis überwiegt die indirekte Berechnungsmethode, da für die direkte Ermittlung die Daten zumeist nicht vorhanden sind.

7.2.2. Unterschiede zwischen den Berechnungsmethoden

Die gängigsten Bewertungsmethoden unterteilen die Ermittlung des Cashflows in einen **operativen**, einen **Investitions**- und einen **Finanzierungscashflow**. Die Unterschiede zwischen den Berechnungsmethoden ergeben sich dann hinsichtlich der Detailtiefe der Aufgliederungen der einzelnen Ein- und Auszahlungen, der Saldierung von Cashflows, unterschiedlichen Zwischensummen sowie der Zuteilung der einzelnen Cashflows zum operativen, Investitions- und Finanzierungscashflow.

7.2.3. Der operative Cashflow

Die Ermittlung des operativen Cashflows erfolgt in der Praxis zumeist indirekt. Schematisch kann die Ermittlung des operativen Cashflows wie folgt dargestellt werden:

	Operativer Cashflow
	Jahreserfolg
+	Abschreibungen
–	Zuschreibungen
+	Anstieg der langfristigen Rückstellungen
–	Rückgang der langfristigen Rückstellungen
=	Zwischensumme Cashflow aus dem Ergebnis
–	Anstieg (des positiven) Working Capitals
+	Rückgang (des positiven) Working Capitals
=	Operativer Cashflow

Tab 34: Schematische Ermittlung des operativen Cashflows

Der operative Cashflow soll, wie der Name bereits verrät, die Ein- und Auszahlungen der operativen Geschäftstransaktionen umfassen. Die Zuteilung zum operativen Cashflow ist bei den unterschiedlichen Berechnungsmethoden nicht immer eindeutig, da es in der Praxis zu Fragestellungen in der Zuordnung kommen kann. So können in einem UGB-Abschluss etwa Zinsen auf langfristige Pensionsrückstellungen im Personalaufwand oder Zinsaufwand dargestellt werden. Auch in der Zuteilung von Forderungen und Verbindlichkeiten gegenüber verbundenen Unternehmen ist häufig nicht einfach zwischen Forderungen der laufenden Geschäftstätigkeit und Finanzierungsforderungen zu unterscheiden, wenn im Anhang keine Detailangaben enthalten sind.

7.2.4. Der Investitionscashflow

Der Investitionscashflow zeigt die Ein- und Auszahlungen aus Investitionen und Devestitionen von Anlagevermögen schematisch wie folgt:

	Investitionscashflow
+	Einzahlungen aus Anlageabgängen
–	Auszahlungen aus Anlagezugängen
=	Investitionscashflow

Tab 35: Schematische Darstellung des Investitionscashflows

Anlagevermögen umfasst sowohl das immaterielle und Sachanlagevermögen als auch das Finanzanlagevermögen. Je nach Geschäftstätigkeit des Unternehmens und vorhandenen Informationen im Abschluss kann es in der Praxis etwa zu Zuteilungsschwierigkeiten bei den erhaltenen Zinsen oder Dividenden aus Finanzanlagen kommen. Wenn keine Anhangangaben enthalten sind, wird es für Außenstehende auch nicht möglich sein, offene Verbindlichkeiten aus dem Erwerb oder der Herstellung von Anlagevermögen zu identifizieren, bzw von Verbindlichkeiten aus Lieferungen und Leistungen aus dem Kauf von Umlaufvermögen oder sonstigen Transaktionen zu unterscheiden. Ohne weitere Daten und Analyse kann es zum Verschieben von Cashflows aus der Investitionstätigkeit in die operative Tätigkeit kommen, wenn nicht zwischen Verbindlichkeiten aus dem Kauf von Anlagevermögen und Verbindlichkeiten aus dem Kauf von Umlaufvermögen oder Dienstleistungen unterschieden werden kann.

7.2.5. Der Finanzierungscashflow

Der Finanzierungscashflow zeigt die Ein- und Auszahlungen der Finanzierung des Unternehmens wie folgt:

	Finanzierungscashflow
+	Einzahlungen aus der Zuführung von Eigenkapital
–	Auszahlung an die Eigentümer (Dividenden, Kapitalrückführungen)
+	Einzahlungen aus der Aufnahme von Finanzverbindlichkeiten
–	Auszahlungen aus der Rückführung von Finanzverbindlichkeiten
=	Finanzierungscashflow

Tab 36: Schematische Darstellung des Finanzierungscashflows

7.2.6. Indirekte Ermittlung des Cashflows in der Praxis

In der Praxis der Bilanzanalyse wird der Cashflow indirekt ermittelt. Dazu wird im ersten Schritt eine Bewegungsbilanz erstellt, in der die Veränderungen der Vermögensgegenstände und Verbindlichkeiten sowie des Eigenkapitals in Mittelverwendung und

Mittelherkunft zugeteilt und hinsichtlich Zahlungswirksamkeit analysiert werden. Der Saldo der Veränderungen, schließt man die liquiden Mittel aus der Bewegungsbilanz aus, ergibt wiederum die Veränderung des Zahlungsmittelbestands. Wichtige Hinweise zur Erstellung können im Anhang und Anlagespiegel enthalten sein.

	BW zum 31.12.X1	BW zum 31.12.X0	MV (+)	MH (-)
Aktiva Anlagevermögen Umlaufvermögen			▲ Erhöhung der Bilanzsumme	▼ Verminderung der Bilanzsumme
	BW zum 31.12.X1	BW zum 31.12.X0	MV (-)	MH (+)
Passiva Eigenkapital Fremdkapital			▼ Verminderung der Bilanzsumme	▲ Erhöhung der Bilanzsumme

Tab 37: Bewegungsbilanz

7.2.6.1. Beispiel zur indirekten Ermittlung

Angabe

Die Bewegungsbilanz der Mayer GmbH sieht wie folgt aus: Im Geschäftsjahr wurde eine Maschine mit Anschaffungskosten von 20.000 € erworben. Das Unternehmen erfasste im Geschäftsjahr Abschreibungen auf das Sachanlagevermögen von 10.000 € und einen Wareneinsatz von 15.000 €. Die Gesellschaft erwirtschaftete ein Ergebnis vor Steuern von 21.000 €. Nach dem Abzug von 4.000 € an Ertragsteuern blieb ein Jahresüberschuss von 17.000 €. Aus dem Vorjahres-Bilanzgewinn wurden Ausschüttungen von 12.000 € beschlossen und im Geschäftsjahr bezahlt.

	BW 31.12.X1	*in %*	BW 31.12.X0	*in %*	Δ	MV (+)	MH (-)
Aktiva							
Sachanlagen	30.000	25 %	20.000	24 %	10.000	20.000	-10.000
Vorräte	50.000	42 %	20.000	24 %	30.000	45.000	-15.000
Forderungen aus Lieferungen und Leistungen	30.000	25 %	40.000	47 %	-10.000		-10.000
Guthaben bei Kreditinstituten	10.000	8 %	5.000	6 %	5.000	5.000	
SUMME	120.000	100 %	85.000	100 %	35.000	70.000	-35.000

	BW 31.12.X1	*in %*	BW 31.12.X0	*in %*	Δ	MV (+)	MH (–)
Passiva							
Stammkapital	80.000	67 %	50.000	59 %	30.000		30.000
Bilanzgewinn	17.000	14 %	12.000	14 %	5.000		5.000
Steuerrückstellungen	4.000	3 %	3.000	4 %	1.000		1.000
Verbindlichkeiten gegenüber Kreditinstituten	5.000	4 %	8.000	9 %	–3.000	–3.000	
Verbindlichkeiten aus Lieferungen und Leistungen	2.000	2 %	6.000	7 %	–4.000	–4.000	
Verbindlichkeiten gegenüber verbundenen Unternehmen	7.000	6 %	5.000	6 %	2.000		2.000
sonstige Verbindlichkeiten	5.000	4 %	1.000	1 %	4.000		4.000
SUMME	*120.000*	*100 %*	*85.000*	*100 %*	*35.000*	*–7.000*	*42.000*

Tab 38: Bewegungsbilanz der Mayer GmbH

Lösung

	Ergebnis vor Steuern	**21.000**
+/–	Abschreibungen auf Vermögensgegenstände des Bereichs Investitionstätigkeit	10.000
=	*Netto-Geldfluss aus dem betrieblichen Ergebnis*	*31.000*
–	Zunahme der Vorräte	–30.000
+	Abnahme der Forderungen aus Lieferungen und Leistungen	10.000
+	Zunahme der Verbindlichkeiten aus Lieferungen und Leistungen sowie Verbindlichcitcn gegenüber verbundenen Unternehmen	2.000
=	*Netto-Geldfluss aus der betrieblichen Tätigkeit vor Steuern*	*–18.000*
–	Zahlungen für Ertragssteuern	–3.000
=	***Netto-Geldfluss aus der betrieblichen Tätigkeit (1)***	***10.000***
–	Auszahlungen für Anlagenzugang (ohne Finanzanlagen)	–20.000
=	***Netto-Geldfluss aus der Investitionstätigkeit (2)***	***–20.000***
	Einzahlungen von Eigenkapital	30.000
–	ausbezahlte Ausschüttungen	–12.000
–	Auszahlungen für die Tilgung und Zinsen von Finanzkrediten	–3.000
=	***Netto-Geldfluss aus der Finanzierungstätigkeit (3)***	***15.000***
=	**zahlungswirksame Veranderungen der Zahlungsmittel und Zahlungsmitteläquivalente *(Summe aus 1, 2 & 3)***	**5.000**
+	Zahlungsmittel und Zahlungsmitteläquivalente am Beginnn der Periode	5.000
=	**Zahlungsmittel und Zahlungsmitteläquivalente am Ende der Periode**	**10.000**

Tab 39: Cashflowrechnung der Mayer GmbH

Der Aufbau der Bewegungsbilanz ermöglicht nicht nur die indirekte Ableitung des Cashflows, sondern auch eine erste Analyse der Vermögensentwicklung. Diese wurde in der Lösung des Beispiels noch um die Verhältnisse in Prozent zur Bilanzsumme ergänzt, um einen schnellen Überblick der Vermögenszusammensetzung zu bieten. Die Verbindlichkeiten gegenüber verbundenen Unternehmen können – je nach Verwendung – dem operativen Cashflow oder dem Cashflow aus der Finanzierungstätigkeit zugeordnet werden. Im Beispiel wird davon ausgegangen, dass die Verbindlichkeiten aus der operativen Geschäftstätigkeit stammen. Die Zahlungen für Ertragsteuern von –3.000 € errechnen sich aus Aufwendungen von –4.000 € und einem Aufbau der Steuerrückstellungen von 1.000 €.

7.2.7. Der Praktiker-Cashflow

In der Praxis ist die notwendige Datengrundlage zur Analyse eines Cashflows oftmals nicht vorhanden. Eine Verfahrensweise zur näherungsweisen Berechnung des Cashflows aus der gewöhnlichen Geschäftstätigkeit stellt der sogenannte Praktiker-Cashflow dar. Dieser berechnet sich wie folgt:

	Jahresüberschuss oder Jahresfehlbetrag nach Steuern
+	Buchwertabgänge von Anlagevermögen
+	Abschreibungen
–	Zuschreibungen
+/–	Erhöhung bzw Verminderung von langfristigen Rückstellungen
=	**Praktiker-Cashflow**

Tab 40: Praktiker-Cashflow

Die Buchwertabgänge einer Periode im Anlagevermögen werden aus dem Abgang von Anschaffungs- und Herstellungskosten abzüglich dem Abgang kumulierter Abschreibung ermittelt, soweit der Anlagenspiegel nach der Bruttomethode aufgestellt wird, wie nach UGB und dHGB erforderlich. Die dafür notwendigen Informationen sind im Anlagenspiegel[222] zu finden. Wird die Entwicklung der kumulierten Abschreibungen nicht aufgelistet, und die Buchwertabgänge nicht separat angeführt, lassen sich diese wie folgt ermitteln: Buchwert am Bilanzstichtag abzüglich Zugänge des Geschäftsjahres zu Anschaffungs- und Herstellungskosten, abzüglich Zuschreibungen des Geschäftsjahres, zuzüglich Abschreibungen des Geschäftsjahres, abzüglich Buchwert zum Vorjahres-Bilanzstichtag. Sollen die Buchwertabgänge nur einer Anlagenkategorie ermittelt werden, in welche bzw von welcher Umbuchungen stattgefunden haben, sind diese ebenso noch zu bereinigen: abzüglich positiver und zuzüglich negativer Umbuchungen des Geschäftsjahres zu Buchwerten (Anschaffungs- und Herstellungskosten abzüglich betreffende kumulierte Abschreibungen).

Zu beachten ist, dass die **Aussagekraft des Praktiker-Cashflows** limitiert ist. In der Berechnung sind beispielsweise noch sämtliche Zinsaufwendungen und -erträge, die Dividendenerträge und das Steuerergebnis enthalten, da die Berechnung des Praktiker-

222 Siehe Kapitel 5.2. für nähere Informationen zum Anlagenspiegel.

Cashflows auf das Jahresergebnis nach Steuern aufsetzt.[223] Außerdem werden Änderungen des Working Capitals nicht berücksichtigt, sodass die Grundannahme hinter dem Praktiker-Cashflow bleibt, dass der Absatz und Kauf von Waren und Dienstleistungen in Barmitteln erfolgt. Ebenso erfolgen keine Bereinigungen um nicht zahlungswirksame Aufwendungen, wie etwa die Bildung von kurzfristigen Rückstellungen.

7.2.8. Würdigung des Cashflows im Zuge der Bilanzanalyse

Die Cashflow-Rechnung gibt Informationen darüber, wie das Unternehmen in der Berichtsperiode die liquiden Mittel verwendet und erwirtschaftet hat und welche Teile des Ergebnisses zahlungswirksam sind. Der Cashflow zeigt auf, ob und wie das Unternehmen seinen Zahlungsverpflichtungen nachkommt, um Schulden und Eigenkapital zu bedienen und gibt somit eine Basis zur Einschätzung der Liquidität. Darüber hinaus lässt sich der Einfluss von Investitionen und Devestitionen auf den Cashflow ablesen.[224] Langfristig kann ein Unternehmen mit negativem Cashflow nicht überleben.

Die große Bedeutung der Analyse des Cashflows in der Praxis liegt neben der Auskunft über die Liquidität des Unternehmens vor allem darin, dass der Cashflow theoretisch nur durch reale Bilanzpolitik, nicht aber durch Einschätzungen des Bilanzierenden beeinflussbar ist. Möglich bleibt die bewusste Beeinflussung der Gliederung zwischen operativem, Investitions- und Finanzierungscashflow durch das Ausnutzen von Ausweiswahlrechten. In der Praxis stoßt die genaue Berechnung der einzelnen Cashflow-Bestandteile aufgrund mangelnder Informationen häufig an Grenzen. Der Bilanzierung wird nach wie vor und aus gutem Grund der Vorrang über die Einnahmen-/Ausgabenrechnungen, und damit einer reinen Cashflowbetrachtung, gegeben, da in der Bilanz Informationen über das gesamte Vermögen auf der Aktivseite dargelegt werden, das künftige Ergebnisse und Einzahlungen erwirtschaftet, unter Berücksichtigung der Finanzierungsstruktur der Passivseite. Die Cashflowrechnung ist im Regelfall wesentlich volatiler als die Ergebniskenngrößen der doppelten Buchhaltung, wodurch eine Prognose für die Zukunft auf Basis der Vergangenheit erschwert wird, ohne die künftige Vermögens- und Ertragslage zu prognostizieren.

7.2.9. Problembereiche bei der Analyse und Vergleichbarkeit von Cashflowrechnungen

Wenn das Unternehmen wesentliche Forderungen und Verbindlichkeiten gegenüber verbundenen Unternehmen hält, bestehen in externen Analysen oftmals Probleme bei der Klassifizierung der Forderungen und Verbindlichkeiten in den operativen, den Finanzierungs- oder den Investitionsbereich. Auch für offene Verbindlichkeiten aus Anlageinvestitionen erfolgt typischerweise keine getrennte Erfassung und Angabe im Anhang zu einem Jahresabschluss, wodurch der Investitionscashflow verfälscht wird. Für Konzerncashflowrechnungen bestehen in der Praxis Probleme bei der Bereinigung von Fremdwährungseffekten aus der Umrechnung.

Im Rahmen der realen Bilanzpolitik können durch Unternehmen rund um den Stichtag Ein- und Auszahlungen verschoben werden, um den Cashflow zu verbessern. Beispiels-

223 Vgl *Baumüller/Kreuzer* (2014) 196.
224 Vgl IAS 7.4–5.

weise werden Zahlläufe vor dem Stichtag noch kurzfristig eingetaktet, Forderungen eingetrieben oder Vorratsbestände vermindert, um damit Finanzverbindlichkeiten zu tilgen. Ein weiteres Problem stellen Leasingvereinbarungen und Instandhaltungsaufwendungen dar. Miet- und Leasingaufwendungen werden aufgrund mangelnder Information häufig vollständig dem operativen Bereich zugeordnet, obwohl sie betriebswirtschaftlich einer Investition gleichen können. Instandhaltungsaufwendungen können zum Teil aktivierungsfähige Aufwendungen umfassen, die im Zweifel – beispielsweise aufgrund steuerlicher Überlegungen – nicht aktiviert und damit im operativen Cashflow gezeigt werden.

7.3. Ergebniskenngrößen

International durchgesetzt haben sich als Kenngrößen hauptsächlich das **EBITDA**, das **Operating Income**, das **EBIT**, das **EBT** und das **Net Income**. Häufig werden diese Kenngrößen aufgrund der internationalen Bedeutung auch im Lagebericht angeführt und erläutert. Gemäß § 231 UGB und § 275 dHGB sind bereits vordefinierte Ergebniskenngrößen anzugeben. Diese sind der Jahresüberschuss/-fehlbetrag und der Bilanzgewinn/-verlust. Im Gegensatz zum deutschen Recht sind im österreichischen Recht Zwischensummen beim Betriebs-[225] und beim Finanzergebnis[226] anzuführen. Weitere Ergebniskenngrößen als die kodifizierten dürfen im Regelfall im Abschluss nicht angeführt werden, können jedoch im Lagebericht erläutert werden. Vorsicht ist bei Pro-forma[227]-Ergebniskennzahlen geboten,[228] die häufig in IFRS-Abschlüssen aufgrund der Freiheiten in der Gliederung der Gesamtergebnisrechnung angeführt werden. Diese werden in der Regel von Abschlusserstellern unternehmensindividuell errechnet und sollten deshalb für Analysezwecke jedenfalls selbst ermittelt werden. Die folgende Darstellung gibt einen schematischen Überblick über die **Ermittlung von Ergebniskenngrößen**:[229]

	Ergebniskenngrößen
	Net Income
+	Steuern (auf das Einkommen)
=	**EBT** (Earnings before Taxes)
+	Zinsaufwendungen
=	**EBIT** (Earnings before Interest and Taxes)
+	Abschreibungen
=	**EBITDA** (Earnings before Interest, Taxes, Depreciation and Amortization)
–	Erträge aus Finanzinvestitionen
+	Aufwendungen aus Finanzinvestitionen
–	Abschreibungen
=	**Operating Income**

225 Vgl § 231 Abs 2 Z 9 und § 231 Abs 3 Z 8 UGB.
226 Vgl § 231 Abs 2 Z 16 und § 231 Abs 3 Z 15 UGB.
227 Zum Beispiel Zwischensummen und Kennzahlen, wie ein angeführtes EBIT in der Gewinn- und Verlustrechnung.
228 Vgl *Baumüller/Kreuzer* (2014) 77.
229 Siehe ab Kapitel 7.3.2. zur weiteren Würdigung der Kennzahlen.

	Ergebniskenngrößen
+	Betriebliche Erträge
–	Betriebliche Aufwendungen
=	**Operating Income**
+	Erträge aus Finanzinvestitionen
–	Aufwendungen aus Finanzinvestitionen
=	**EBIT**
+	Abschreibungen
=	**EBITDA**
–	Abschreibungen
–	Zinsaufwendungen
=	**EBT**
	Steuern (auf das Einkommen)
=	**Net Income**

Ergebniskenngrößen	**Operating Income**	**EBIT**	**EBITDA**	**EBT**	**Net Income**
+ Betriebliche Erträge	✓	✓	✓	✓	✓
– Betriebliche Aufwendungen	✓	✓	✓	✓	✓
+ Erträge aus Finanzinvestitionen		✓	✓	✓	✓
– Aufwendungen aus Finanzinvestitionen		✓	✓	✓	✓
– Abschreibungen		✓		✓	✓
– Zinsaufwendungen				✓	✓
– Steuern (auf das Einkommen)					✓

Tab 11. Ergebniskenngrößen

In den **Erträgen und Aufwendungen aus Finanzinvestitionen** werden üblicherweise Erträge aus Beteiligungen und Anteilen an verbundenen Unternehmen, Erträge aus anderen Wertpapieren und aus Ausleihungen des Finanzanlagevermögens, sonstige Zinsen und ähnliche Erträge, Erträge aus dem Abgang von und der Zuschreibung zu Finanzanlagevermögen und Finanzumlaufvermögen und Aufwendungen aus dem Finanzanlagevermögen und Finanzumlaufvermögen zusammengefasst. Wenn das analysierte Unternehmen eine Beteiligungsholding ist, kann es sinnvoll sein, Erträge aus Finanzinvestitionen in die Berechnung des EBITDAs miteinzuschließen, wie insbesondere Dividendenerträge.

7.3.1. Anforderungen an die Ergebniskenngrößen

Welcher Ergebniskenngröße im Rahmen der Bilanzanalyse die größte Bedeutung beigemessen werden soll, hängt von der Zielsetzung der Bilanzanalyse ab. Für das gesetzte Ziel der Bilanzanalyse sollte die Ergebniskenngröße eine möglichst hohe Qualität aufweisen. Zur Beurteilung der Qualität wurden in der Literatur verschiedene Metakennzahlen entwickelt. *Wagenhofer & Ewert* (2015) stellen folgende in der Literatur am häufigsten verwendeten Maßgrößen dar:[230]

- **Beständigkeit (*persistance*):** Nachwirkungen der Ergebnisgröße auf die folgenden Geschäftsjahre
- **Prognosefähigkeit (*predictability*):** Prognose der zukünftigen Ergebnisse oder Cashflows aus den zeitlich vorgelagerten Ergebnissen
- **Volatilität und Glättung (*smoothness*):** Volatilität der Ergebniskenngröße
- **Qualität der Periodenabgrenzung:** Maßzahl für die Qualität der ermittelten Periodenabgrenzung
- **Ausmaß der Bilanzpolitik:** Maßzahl für das Ausmaß der betriebenen Bilanzpolitik
- **Erreichen von Zielgrößen:** Das angestrebte Erreichen von Zielgrößen durch das Management kann ein Indikator für betriebene Bilanzpolitik sein.
- **Zeitnähe**: Maßzahl für die zeitliche Nähe der Ergebniskenngröße zur ökonomischen Entwicklung
- **Bedingte Vorsicht:** Maßzahl für die zeitlich frühere Erfassung von Verlusten als von Gewinnen
- **Wertrelevanz:** Maßzahl für die Korrelation des Unternehmenswertes mit der Ergebniskenngröße

Bereits die Anzahl der Maßgrößen für die Beurteilung der Qualität von Ergebniskenngrößen deutet darauf hin, dass es bisher keine befriedigende Antwort seitens der theoretischen und empirischen Forschung darauf gibt, welchen Ergebniskenngrößen tatsächlich der höchste Stellenwert beigemessen werden soll. Eine 2019 durchgeführte Studie über börsennotierte europäische Unternehmen, die IFRS anwenden, hat untersucht, welche Ergebniskenngröße die meiste Wertrelevanz besitzt. Es wurden Sales, EBITDA, EBIT, EBT, Net Income und Total Comprehensive Income untersucht. Ergebnis der Forschung war, dass das Net Income die höchste Wertrelevanz aufweist.[231] Eine weitere, 2018 veröffentlichte Studie untersuchte die Wertrelevanz von veröffentlichen Ergebniskennzahlen, die nicht verlangt sind und freiwillig offengelegt werden. Das Ergebnis ist, dass es keine Unterschiede dahingehend gibt, ob Unternehmen diese Art von Kennzahlen offenlegen oder nicht. Wenn Unternehmen diese jedoch offenlegen, haben sie eine höhere Wertrelevanz, wenn sie auf Basis des EBIT oder EBITDA berechnet werden.[232] Ein ebenfalls 2018 veröffentlichtes Paper hat herausgefunden, dass ergebnisbasierte Kennzahlen wie der ROI oder der ROE für Investoren zur Analyse von Unternehmen relevant sind.[233]

230 Vgl *Wagenhofer/Ewert* (2015) 109–119.
231 *Rizzato/Busso/Devalle* (2019).
232 *Clinch/Tarca/Wee* (2018).
233 *Kopecká* in *Procházka* (2018) 385, 391.

Eine weltweite Studie durch *Barton/Hansen/Pownall* (2010) anhand von sieben Ergebnismaßzahlen für die Wertrelevanz der Ergebniskenngrößen kam zu keinem einheitlichen Ergebnis. Tendenziell geben die Autoren an, dass Kenngrößen, die mehr „in der Mitte" der Gewinn- und Verlustrechnung liegen, wie beispielsweise das EBITDA oder das operative Ergebnis, eine höhere Wertrelevanz aufweisen als Ergebniskenngrößen „am Beginn", wie der Umsatz, oder „am Ende" der Gewinn- und Verlustrechnung, wie das Net Income. Interessanterweise wurde in dieser Studie für Deutschland die höchste Wertrelevanz für das EBITDA und für Österreich für das EBT ermittelt. Insgesamt kommen die Autoren zu dem Ergebnis, dass die Wertrelevanz dann hoch ist, wenn die Beständigkeit der Ergebnisse hoch ist und außerdem ein starker Zusammenhang mit den operativen Cashflows besteht. Dieser Zusammenhang ist intuitiv einleuchtend, da eine Ergebnisglättung, beispielsweise durch Rückstellungen, zwar die Beständigkeit und Prognosefähigkeit von Ergebnissen erhöht, aber eine Auflösung der Rückstellungen zu keinem Cashflow in der Folgeperiode Bezug hat und daher ökonomisch die Dotierung keinen Informationsgehalt besitzt, sondern im Gegenteil die Ergebniskenngröße verfälscht.

7.3.2. EBITDA

7.3.2.1. Allgemeines

Eine in der Praxis verbreitete Ergebniskenngröße ist das **EBITDA**. EBITDA steht für „Earnings before interest and taxes, depreciation and amortization". Es handelt sich somit um eine Ergebniskenngröße vor Steuern, Zinsen und Abschreibungen. Vergleicht man das EBITDA mit der Berechnungslogik des operativen Cashflows unter Kapitel 7.2.3., ist ersichtlich, dass Überschneidungen bestehen. Das EBITDA kann daher auch als Näherungswert für den operativen Cashflow ohne Working Capital-Veränderungen angesehen werden. Da insbesondere durch die Eliminierung der Abschreibungen der Investitionsbereich großteils ausgeklammert wird, ist es ratsam, diesen im Zuge der Bilanzanalyse gesondert zu betrachten. Durch die Ausklammerung von Abschreibungen aus dem EBITDA werden zusätzliche Spielräume für Bilanzpolitik eliminiert.

7.3.2.2. Adjusted EBITDA

Ein weiterer in der Praxis häufig anzutreffender Ausdruck ist das „**Adjusted EBITDA**". Dabei handelt es sich um eine Bereinigung des EBITDA um außerordentliche, einmalige und nicht aus der laufenden Geschäftstätigkeit resultierende Effekte, um so zu einem beständigeren Ergebnis zu gelangen. Diese Vorgehensweise ist dann sinnvoll, wenn die Beständigkeit erhöht wird, ohne den Informationsgehalt über zukünftige Cashflows zu senken. In der Praxis wird die Bereinigung insbesondere an fehlenden Informationen scheitern. Auch die Klassifizierung, welche Geschäftsfälle tatsächlich nicht wiederkehrend, sondern einmalig sind, bleibt der subjektiven Einschätzung in der Bilanzanalyse überlassen und kann so zu Verzerrungen führen.

In UGB- sind von allen, in dHGB-Abschlüssen sind von mittelgroßen und großen Kapitalgesellschaften wesentliche aperiodische, nicht dem Geschäftsjahr zuzurechnende sowie ihrer Art und Höhe nach außerordentliche Aufwände und Erträge im Anhang anzugeben.[234]

234 Vgl § 285 Z 31–32 dHGB, § 237 Abs 1 Z 4 UGB.

7.3.2.3. Problembereiche bei der Analyse und Vergleichbarkeit des EBITDA

Bei der Analyse und der Vergleichbarkeit sind nach unserer Erfahrung insbesondere folgende Bereiche zu beachten:

Leasingverhältnisse: Bei der Beurteilung, ob Operating- oder Finanzierungsleasing in einem UGB- und dHGB-Abschluss vorliegt, besteht ein Spielraum in der Vertragsgestaltung und in der Beurteilung der Verträge. Werden Objekte geleast anstatt gekauft, werden EBIT und EBITDA üblicherweise durch die Leasingraten vollständig belastet, wodurch das EBITDA niedriger sein kann als bei einem vergleichbaren Unternehmen, bei dem derselbe Vertrag als Finanzierungsleasing gewertet oder das Anlagevermögen erworben und aktiviert wird. Im Finanzierungsleasing gehaltene Vermögenswerte werden vom Leasingnehmer in dessen Bilanz aktiviert, bzw die Leasingverbindlichkeit passivert. In der Erfolgsrechnung werden anstatt der Leasingaufwendungen die laufende Abschreibung und der Zinsaufwand gezeigt. Der Leasingaufwand wird jedoch üblicherweise im sonstigen betrieblichen Aufwand[235] dargestellt und reduziert das EBIT und das EBITDA damit voll. Eine mögliche Herangehensweise zur Schaffung von Vergleichbarkeit zwischen Unternehmen ist die Analyse des Anhangs, in dem Miet- und Leasingaufwendungen für nicht in der Bilanz ausgewiesenes Vermögen üblicherweise anzuführen sind. Die Aufwendungen können so aus Erfahrungswerten hochgerechnet und wiederum abgezinst und über die betriebsübliche Nutzungsdauer abgeschrieben werden, um so die Vermögensgegenstände für Analysezwecke „on balance" anzusetzen, wie im Finanzierungsleasing. In der Praxis fehlen in der externen Bilanzanalyse jedoch Daten zum Zinssatz und detailliertere Informationen zu den erwarteten Auszahlungen, sowie zu Nutzungsdauern.[236]

Ausweis der Zinsen: Insbesondere bei Personalrückstellungen können sowohl innerhalb eines Rechnungslegungsregimes als auch in unterschiedlichen Rechnungslegungssystemen Zinsen auf Personalrückstellungen unterschiedlich behandelt werden. Die Darstellung erfolgt teilweise im Zinsaufwand, teilweise im Personalaufwand.

Ermessensspielräume bei der Aktivierungspflicht von Aufwendungen: Vor allem bei Instandhaltungsaufwendungen und Großreparaturen kommt es im UGB und im dHGB teilweise zu Ermessensspielräumen, ob der Aufwand zu zeigen oder ein Anlagengut in der Bilanz zu aktivieren und über die Nutzungsdauer abzuschreiben ist. In der Praxis werden für diese Entscheidung Faktoren wie die steuerliche Abzugsfähigkeit, die Investitionsrichtlinien des Konzerns und bilanzpolitische Zielsetzungen berücksichtigt.

---

235 In Einzelfällen ist auch eine Darstellung als Aufwand für bezogene Leistungen möglich, wenn zB gemietete Objekte weitervermietet werden. Jedenfalls erfolgt die Erfassung somit innerhalb der Posten, die für das EBITDA und das EBIT relevant sind.

236 Zum Vergleich der bilanziellen Behandlung von gemieteten bzw geleasten Vermögenswerten in UGB-, dHGB- und IFRS-Abschlüssen siehe Kapitel 5.3.4. für einen kurzen Überblick. IFRS 16 führt beim Leasingnehmer grundsätzlich zu einer Passivierung der Leasingverbindlichkeit und Aktivierung des geleasten Vermögenswerts.

7.3.3. Operating Income

7.3.3.1. Allgemeines

Zieht man vom EBITDA die Finanzerträge sowie die Abschreibungen auf das Sachanlagevermögen und das immaterielle Anlagevermögen ab, kommt man zum **Operating Income** oder auch **Betriebsergebnis**. Das Operating Income berücksichtigt bereits die Investitionen in Form der Abschreibungen. Es gibt Auskunft über die operative Ertragskraft des Unternehmens, unabhängig von der Finanzierungsstruktur, dem Steuerumfeld und den Erträgen eventuell vorhandener Finanzinvestitionen.

7.3.3.2. Problembereiche bei der Analyse und Vergleichbarkeit des Operating Income

Bei der Analyse und der Vergleichbarkeit sind nach unserer Erfahrung insbesondere folgende Bereiche zu beachten:

Außerplanmäßige Abschreibungen: Insbesondere bei der Ermittlung von außerplanmäßigen Abschreibungen besteht ein hoher Bewertungsspielraum, da oftmals zukünftige Cashflows geschätzt und abgezinst werden müssen. Außerplanmäßige Abschreibungen von wesentlichem Umfang sollten daher jedenfalls im Detail analysiert werden.

Abschreibungen auf aufgedeckte stille Reserven: Unter gewissen Voraussetzungen kann es in einigen Rechnungslegungsregimen zu einer erfolgsneutralen Aufdeckung stiller Reserven im Anlagevermögen kommen (etwa bei Umgründungen, der Kaufpreisallokation und Erstkonsolidierung im Konzernabschluss oder beim Asset Deal im Einzelabschluss), die anschließend wieder abgeschrieben werden. Dadurch kommt es zur erhöhten Erfassung von Abschreibungen auf einen Vermögensgegenstand. Nachdem die Ermittlung und Zuteilung der stillen Reserven üblicherweise einem sehr hohen Bewertungsspielraum unterliegt, kann es zu einer Verfälschung des Informationsgehalts kommen. In IFRS-Abschlüssen können Sachanlagen[237] und immaterielle Anlagen[238] zum Fair Value bewertet werden, was zur Aufdeckung von stillen Reserven führt. Für als Finanzinvestition gehaltene Immobilien ist entweder die Folgebewertung zum Fair Value, oder wenn auf diese verzichtet wird, zumindest die Angabe des Fair Values im Anhang, verpflichtend.[239]

Ausweis der Zinsen: Auch beim Operating Income gilt das beim EBITDA für den Ausweis der Zinsen auf Personalrückstellungen Angeführte.

7.3.4. EBIT

7.3.4.1. Allgemeines

Addiert man zum Operating Income die Erträge aus der Investition in Finanzanlagen, erhält man das **EBIT** oder „Earnings before interest and taxes". Auch das EBIT erfreut sich in der Praxis hoher Beliebtheit und ist wohl gemeinsam mit dem EBITDA die häu-

237 Vgl IAS 16.31.
238 Vgl IAS 38.75.
239 Vgl IAS 40.32.

figste verwendete Ergebniskenngröße. Wie bereits das Operating Income ist sie unabhängig von der Finanzierungs- und Steuerstruktur des Unternehmens und wird daher besonders gerne als Steuerungskenngröße von Unternehmen eingesetzt. Das bedeutet, dass Unternehmen mit unterschiedlichen Finanzierungsstrukturen oder in unterschiedlichen Steuerregimen vergleichbar werden.

7.3.4.2. Adjusted EBIT

Auch beim EBIT erfolgt teilweise – wie beim EBITDA – eine Bereinigung um außerordentliche, einmalige und nicht der laufenden Geschäftstätigkeit zuordenbare Effekte auf ein „**Adjusted EBIT**". Es gilt auch hier das im Kapitel 7.3.2. Angeführte. Nachdem es sich um ein Ergebnis vor Zinsen handelt, ist es unabhängig von der Finanzierungsstruktur des Unternehmens, wodurch ein Vergleich mit der operativen Ertragskraft anderer Unternehmen einfacher wird. Durch den Abzug der Abschreibungen sind im EBIT die Investitionen bereits berücksichtigt.

7.3.4.3. Problembereiche bei der Analyse und Vergleichbarkeit des EBIT

Für die Analyse des EBIT gelten im Wesentlichen die im Kapitel über das Operating Income angeführten Problembereiche.

7.3.5. EBT

7.3.5.1. Allgemeines

Nach Abzug der Zinsen vom EBIT erhält man das **EBT** oder „Earnings before taxes". Bei dieser Ergebniskenngröße wird die Finanzierungsstruktur des Unternehmens bereits berücksichtigt, lediglich die Steuern bleiben ohne Berücksichtigung.

7.3.5.2. Problembereiche bei der Analyse und Vergleichbarkeit des EBT

Da das EBT bereits so gut wie alle Ertrags- und Aufwandsposten umfasst, ist das Risiko einer Verschiebung zwischen EBT und anderen Ergebniskenngrößen, die die Vergleichbarkeit beeinträchtigen, eher gering. Es enthält deshalb aber auch umgekehrt alle Glättungseffekte (Bilanzpolitik) und Bewertungsunterschiede, die die Vergleichbarkeit mit anderen Unternehmen beeinträchtigen können.

7.3.6. Net Income

7.3.6.1. Allgemeines

Werden schließlich noch die Steuern berücksichtigt, erreicht man ausgehend vom EBT das **Net Income**.

7.3.6.2. Problembereiche bei der Analyse und Vergleichbarkeit des Net Income

Analog zum EBT umfasst das Net Income die Ergebnisse aller Bewertungsunterschiede und Glättungseffekte, wodurch der Vergleich teilweise wesentlich erschwert werden kann.

7.4. Umsatzanalyse

Als absolute Kenngröße wird dem Umsatz neben den Ergebniskenngrößen viel Beachtung geschenkt. Im Zuge der Bilanzanalyse können aus den absoluten Umsatzwerten insbesondere Wachstumsraten und die Umsatzvariabilität abgeleitet werden.

7.4.1. Umsatzwachstum

7.4.1.1. Beispiel zur Berechnung des Umsatzwachstums

$$\text{Umsatzwachstum} = \frac{\text{Umsatz des Geschäftsjahres}}{\text{Umsatz des Vorjahres}} - 1$$

Angabe

Die Mayer GmbH erwirtschaftet im Geschäftsjahr einen Umsatz von 110.000 € und im Vorjahr einen Umsatz von 100.000 €.

Lösung

$$\text{Umsatzwachstum} = \frac{110.000}{100.000} - 1 = 10\ \%$$

7.4.1.2. Interpretation des Umsatzwachstums im Zuge der Bilanzanalyse

Das **Umsatzwachstum** drückt die Steigerung oder Abnahme des Umsatzes in Prozent aus. Generell wird hohes Umsatzwachstum als Vorteil angesehen, da bei gesteigerten Umsätzen eine höhere Degression der Fixkosten des Unternehmens möglich wird. Nachteilig ist bei hohem Umsatzwachstum üblicherweise der steigende Finanzierungsbedarf, da die Leistungen vorfinanziert werden müssen, wodurch es zu einem Liquiditätsengpass kommen kann. Dieser Kennzahl wird insbesondere bei Wachstumsunternehmen und Start-ups hohe Beachtung geschenkt. Das Umsatzwachstum sagt noch nichts aus, ob das Umsatzwachstum auch tatsächlich profitabel ist, also die Umsatzerlöse die Aufwendungen übersteigen.

7.4.1.3. Kritische Würdigung des Umsatzwachstums

Je nach Rechnungslegungsregime können die Zeitpunkte der Realisierung von Umsatzerlösen variieren. So ist nach den IFRS die Umsatzrealisierung bei langfristigen Fertigungsaufträgen über einen bestimmten Zeitraum bei Vorliegen der Voraussetzungen erforderlich,[240] während im UGB und im dHGB nur die Completed-Contract-Methode zulässig ist. Im Rahmen der realen Bilanzpolitik könnten Umsätze zwischen den Perioden

240 Vgl IFRS 15.35: „Over-time" Umsatzrealisierung ist in folgenden Fällen erforderlich:
Das Unternehmen erstellt oder verbessert einen Vermögenswert, über den der Kunde die Verfügungsmacht besitzt. Oder:
Der Kunde erhält und verbraucht zeitgleich Nutzen, der durch die Leistung des Unternehmens erbracht wird. Oder:
Das Unternehmen erzeugt einen Vermögenswert, für den er keinen alternativen Nutzen hat und der Verkäufer hat einen rechtsgültigen Zahlungsanspruch für die bisher erbrachten Leistungen (häufig in der Baubranche).

verschoben werden, wenn beispielsweise Budgets bereits erreicht wurden. Schlussendlich sollte man im Hinterkopf behalten, dass Umsätze zu den Gebieten mit dem höchsten Risiko für dolose Handlungen zählen (vgl ISA 240.27).

7.4.1.4. Überblick empirischer Werte aus der BACH-Datenbank für die teilnehmenden Länder

Die folgende Tabelle gibt einen Überblick des Umsatzwachstums von 2017 bis 2020 für ausgewählte Sektoren der NACE-Gliederung:

Sektor	Bezeichnung	2018	2019	2020
C	Verarbeitendes Gewerbe/Herstellung von Waren	5,62 %	0,86 %	–9,92 %
F	Baugewerbe/Bau	7,58 %	6,48 %	–2,46 %
G	Handel; Instandhaltung und Reparatur von Kraftfahrzeugen	5,16 %	2,79 %	–4,82 %
I	Gastgewerbe/Beherbergung und Gastronomie	5,14 %	5,02 %	-37,05 %
Zc	Gesamt ohne Holdinggesellschaften	5,91 %	2,56 %	–7,33 %

Tab 42: Umsatzwachstum BACH-Datenbank (Quelle der Basisdaten zur Berechnung: BACH [2022], abgerufen am 12.9.2022)

7.4.2. Umsatzvolatilität

$$\text{Umsatzvolatilität} = \frac{\sqrt{\frac{1}{n}\sum_{i=l}^{n}\left(U_i - \overline{U}\right)^2}}{\frac{1}{n}\sum_{i=l}^{n} U_i}$$

U_i = Umsatz des Jahres
n = Anzahl der Jahre
Ū = Arithmetisches Mittel der Umsatzerlöse

7.4.2.1. Beispiel zur Berechnung der Umsatzvolatilität

Angabe

Die Mayer GmbH erwirtschaftet im Geschäftsjahr einen Umsatz von 110.000 €, im Vorjahr einen Umsatz von 100.000 € und im Vorvorjahr einen Umsatz von 105.000 €.

Lösung

$$\overline{U} = \left(110.000 + 100.000 + 105.000\right) / 3 = 105.000$$

$$\text{Umsatzvolatilität} = \frac{\sqrt{\frac{1}{3} \times \left[5.000^2 + \left(-5.000\right)^2 + 0^2\right]}}{\frac{1}{3} \times \left(110.000 + 100.000 + 105.000\right)} = 3,89\ \%$$

7.4.2.2. Interpretation der Umsatzvolatilität im Zuge der Bilanzanalyse

Die **Umsatzvolatilität** ist eine Risikokennzahl für das Geschäftsrisiko der Gesellschaft. Bei hoher Umsatzvolatilität besteht ein höheres Risiko für die Deckung der Fixkosten. Starke Umsatzschwankungen sind eine der Hauptursachen für die Schwankung der Ergebniskenngrößen. Die Division durch den durchschnittlichen Umsatz erfolgt, um die Volatilität unabhängig von der Höhe des absoluten Umsatzes und damit von der Größe des Unternehmens darzustellen.

7.4.2.3. Kritische Würdigung der Umsatzvolatilität

Grundsätzlich bestehen auch für die Umsatzvolatilität die gleichen Probleme wie bei der Analyse des Umsatzwachstums. Zusätzliche Probleme ergeben sich bei der Analyse von Unternehmen, die einen starken Wachstumstrend aufweisen. Da die Volatilität auf den durchschnittlichen Umsatz bezogen wird, errechnen sich hohe Umsatzvolatilitäten, die auf ein höheres Geschäftsrisiko hindeuten. Folgt das Unternehmen aber tatsächlich einem kontinuierlichen Umsatztrend, wird das Geschäftsrisiko überbewertet.

7.5. Common Size Financial Statements und Intensitäten

Um eine Vergleichbarkeit zwischen Unternehmen unterschiedlicher Größe herzustellen, werden sowohl die Bilanz als auch die Gewinn- und Verlustrechnung normiert. International üblich ist eine Normierung der Bilanz auf Basis der Bilanzsumme, während die Normierung der Gewinn- und Verlustrechnung durch den Umsatz erfolgt.

Im deutschsprachigen Raum wird üblicherweise für die Normierung einzelner Posten der Vermögensseite der Bilanz und für die Gewinn- und Verlustrechnung eine eigene Kennzahl eingeführt, die als Intensität bezeichnet wird. Beispiele hierfür sind die **Anlagenintensität**, die **Vorratsintensität**, die **Forderungsintensität**, die **Materialintensität** und die **Personalintensität**. Im Gegensatz zur international üblichen Normierung auf den Umsatz wird im deutschsprachigen Raum aufgrund der verbreiteten Anwendung des Gesamtkostenverfahrens üblicherweise die **Gesamtleistung** herangezogen.

7.5.1. Gesamtleistung

+	Umsatz
+/–	Bestandsveränderung
+	Aktivierte Eigenleistungen
=	**Gesamtleistung**

7.5.1.1. Beispiel zur Berechnung der Gesamtleistung

Angabe

Die Mayer GmbH erwirtschaftet im Geschäftsjahr einen Umsatz von 110.000 €. Die Veränderung des Bestandes an unfertigen Erzeugnissen sowie an noch nicht abrechenbaren Leistungen beträgt 20.000 €. Im Zuge der Erstellung einer Maschine im Unternehmen wurden Eigenleistungen in der Höhe von 10.000 € aktiviert.

Lösung

Gesamtleistung = 110.000 + 20.000 + 10.000 = 140.000

7.5.1.2. Interpretation der Gesamtleistung im Zuge der Bilanzanalyse

Bei der Analyse der **Gesamtleistung** werden zusätzlich zum Umsatz auch die Bestandsveränderung und die aktivierten Eigenleistungen herangezogen. Der Gesamtleistung wird – insbesondere in der Bauwirtschaft und bei langfristigen Auftragsfertigungen – eine höhere Aussagekraft als den Umsätzen beigemessen. Durch die Einbeziehung der Bestandsveränderung kommt es bei langfristigen Aufträgen zu einer Glättung, da die Umsatzrealisierung punktuell vom Geschäftsjahr der Fertigstellung abhängig ist, während die Bestandsveränderung bereits kontinuierlich über die Geschäftsjahre der Fertigung erhöht wird.

7.5.1.3. Kritische Würdigung der Gesamtleistung

In die Ermittlung der Bestandsveränderung und der aktivierten Eigenleistungen geht insbesondere auch die Bewertung der Herstellkosten der aktivierten Anlagegüter und der aktivierten Vorratsbestände ein. Diese Bewertung unterliegt in der Regel einem hohen Ermessensspielraum durch den Ersteller des Jahresabschlusses, wodurch im Rahmen der Bilanzpolitik eine Anpassung der Gesamtleistung möglich ist. Weiters gilt für die Analyse der Umsatzerlöse das unter Kapitel 7.4. Ausgeführte.

7.5.2. Sachanlagenintensität

$$\text{Sachanlagenintensität} = \frac{\text{Sachanlagevermögen}}{\text{Bilanzsumme}}$$

7.5.2.1. Beispiel zur Berechnung der Sachanlagenintensität

Angabe

Die Mayer GmbH zeigt in der Bilanz zum Stichtag einen Buchwert des Sachanlagevermögens in Höhe von 30.000 €. Die gesamte Bilanzsumme beläuft sich auf 110.000 €.

Lösung

$$\text{Sachanlagenintensität} = \frac{30.000}{110.000} = 27{,}3\ \%$$

7.5.2.2. Interpretation der Sachanlagenintensität im Zuge der Bilanzanalyse

Die **Sachanlagenintensität** liefert einen guten ersten Eindruck, ob diesem Bereich des Vermögens bei der weiteren Bilanzanalyse große Bedeutung beigemessen werden muss. Eine hohe Sachanlagenintensität deutet darauf hin, dass die Fixkostenintensität des Unternehmens durch Abschreibungen hoch ist und daher ein hohes Auslastungsrisiko der Anlagen besteht. Außerdem besteht in der Regel eine hohe Kapitalbindung im Anlagevermögen. Umgekehrt deutet jedoch eine hohe Sachanlagenintensität auch auf eine hohe Eintrittsbarriere für Mitbewerber hin, wodurch sich das Geschäftsrisiko wieder vermindern kann.

7.5.2.3. Kritische Würdigung der Sachanlagenintensität

Probleme im Zuge der Bilanzanalyse bereiten in UGB- und dHGB-Abschlüssen insbesondere Leasinggeschäfte, die als Operating Lease qualifiziert werden. Die Sachanlagenintensität wird dadurch unterschätzt. Außerdem kann es aufgrund der Langfristigkeit des Anlagevermögens und des Anschaffungskostenprinzips zur Bildung erheblicher stiller Reserven kommen. Weiters besteht ein gewisser Ermessensspielraum in der Festlegung der Nutzungsdauer. Wird die Nutzungsdauer als Basis für die steuerliche Gewinnermittlung festgelegt, besteht ein Anreiz, eine möglichst kurze Nutzungsdauer zu bestimmen, um möglichst schnell hohe Abschreibungen zu generieren, die den ertragssteuerlich relevanten Gewinn schmälern. Selbiges gilt für die Entscheidung, ob es sich um Instandhaltungsaufwendungen oder um ein zu aktivierendes Anlagengut handelt. In der Praxis ergeben sich dadurch erhebliche Unterschiede zwischen den Unternehmen. Darüber hinaus ist aus einem UGB- und dHGB-Abschluss häufig nicht ersichtlich, ob das Sachanlagevermögen betriebsnotwendig für die Produktion ist oder etwa Anlagezwecken dient und vermietet ist.

7.5.2.4. Überblick empirischer Werte der BACH-Datenbank für die teilnehmenden Länder

Die folgende Tabelle gibt einen Überblick über die Sachanlagenintensität von 2018 bis 2020 für ausgewählte Sektoren der NACE-Gliederung:

Sektor	Bezeichnung	2018	2019	2020
C	Verarbeitendes Gewerbe/Herstellung von Waren	25,75 %	26,19 %	27,02 %
F	Baugewerbe/Bau	20,53 %	20,51 %	21,17 %
G	Handel; Instandhaltung und Reparatur von Kraftfahrzeugen	17,55 %	17,47 %	18,20 %
I	Gastgewerbe/Beherbergung und Gastronomie	54,67 %	54,44 %	54,46 %
Zc	Gesamt ohne Holdinggesellschaften	31,30 %	31,61 %	32,42 %

Tab 43: Sachanlagenintensität BACH-Datenbank (Quelle der Basisdaten zur Berechnung: BACH [2022], abgerufen am 12.9.2022)

7.5.3. Vorratsintensität

$$\text{Vorratsintensität} = \frac{\text{Vorratsvermögen}}{\text{Bilanzsumme}}$$

7.5.3.1. Beispiel zur Berechnung der Vorratsintensität

Angabe

Die Mayer GmbH zeigt zum Stichtag einen Buchwert des Vorratsvermögens in Höhe von 50.000 € in ihrer Bilanz. Die gesamte Bilanzsumme beläuft sich auf 110.000 €.

Lösung

$$\text{Vorratsintensität} = \frac{50.000}{110.000} = 45{,}5\ \%$$

7.5.3.2. Interpretation der Vorratsintensität im Zuge der Bilanzanalyse

Analog zur Sachanlagenintensität liefert die **Vorratsintensität** einen guten ersten Eindruck, ob diesem Bereich des Vermögens bei der weiteren Bilanzanalyse große Bedeutung beigemessen werden muss.

Eine hohe Vorratsintensität deutet darauf hin, dass Kapital gebunden und typischerweise eine Vorfinanzierung des Vorratsvermögens notwendig ist. Weiters kann es auf Risiken im Bereich der Überalterung oder Verwertung von Vorräten hindeuten.

Daraus kann in weiterer Folge ein Liquiditätsrisiko entstehen, das bei Verwertungsschwierigkeiten und Finanzierungsengpässen bis zur Insolvenz führen kann.

7.5.3.3. Kritische Würdigung der Vorratsintensität

Bei der Bewertung der Vorräte besteht im Regelfall ein hoher Ermessensspielraum, sowohl für die Bewertung von unfertigen und fertigen Erzeugnissen als auch bei der Bewertung von Rohstoffen. Insbesondere bei Klein- und Mittelbetrieben kommt es durch die Bewertung der Vorräte häufig zu einer Glättung der Ergebniskenngrößen. Für eine Detailanalyse fehlen den externen Adressaten zumeist die notwendigen Informationen. Auch im Zuge der Abschlussprüfung gehört die Prüfung der Vorräte aufgrund des hohen Ermessensspielraums zu den schwierigsten Teilgebieten. Weiters ist im Zuge der Bilanzanalyse zu hinterfragen, ob die Bestände zum Stichtag repräsentativ für das Geschäftsjahr sind. Viele Unternehmen reduzieren gezielt zum Stichtag den Vorratsbestand und tilgen mit den frei gewordenen Cashflows Banklinien, um die Vermögens- und Finanzlage besser darzustellen.

7.5.3.4. Überblick empirischer Werte der BACH-Datenbank für die teilnehmenden Länder

Die folgende Tabelle gibt einen Überblick über die Vorratsintensität von 2018 bis 2020 für ausgewählte Sektoren der NACE-Gliederung:

Sektor	Bezeichnung	2018	2019	2020
C	Verarbeitendes Gewerbe/Herstellung von Waren	15,39 %	15,17 %	14,44 %
F	Baugewerbe/Bau	22,96 %	22,52 %	21,50 %
G	Handel; Instandhaltung und Reparatur von Kraftfahrzeugen	20,36 %	20,36 %	19,38 %
I	Gastgewerbe/Beherbergung und Gastronomie	2,61 %	2,73 %	2,83 %
Zc	Gesamt ohne Holdinggesellschaften	10,21 %	10,15 %	9,65 %

Tab 44: Vorratsintensität BACH-Datenbank (Quelle der Basisdaten zur Berechnung: BACH [2022], abgerufen am 12.9.2022)

7.5.4. Forderungsintensität

$$\text{Forderungsintensität} = \frac{\text{Forderungen aus Lieferungen und Leistungen}}{\text{Bilanzsumme}}$$

7.5.4.1. Beispiel zur Berechnung der Forderungsintensität

Angabe

Die Mayer GmbH hat zum Stichtag einen Buchwert der Forderungen aus Lieferungen und Leistungen in Höhe von 30.000 € in ihrer Bilanz ausgewiesen. Die gesamte Bilanzsumme beläuft sich auf 110.000 €.

Lösung

$$\text{Forderungsintensität} = \frac{30.000}{110.000} = 27{,}3\ \%$$

7.5.4.2. Interpretation der Forderungsintensität im Zuge der Bilanzanalyse

Wie bereits bei der Vorrats- und Sachanlagenintensität ist die Ermittlung der **Forderungsintensität** nützlich, um eine erste Idee über die Relevanz der Forderungen aus Lieferungen und Leistungen zu erhalten. Eine hohe Forderungsintensität kann auf ein erhöhtes Forderungsausfallsrisiko hindeuten – muss sie aber nicht, da das Risiko wesentlich von der Bonität der Kunden, gegenüber denen Forderungen bestehen, abhängt.

7.5.4.3. Kritische Würdigung der Forderungsintensität

Auch bei der Bewertung der Werthaltigkeit von Forderungen aus Lieferungen und Leistungen besteht ein gewisser Ermessensspielraum, der jedoch im Regelfall geringer als beim Vorratsvermögen ist. Auch bei den Forderungen aus Lieferungen und Leistungen ist wie bei den Vorräten zu hinterfragen, ob die Bestände repräsentativ für das Geschäftsjahr sind. Kennzahlenorientierte Unternehmen versuchen zum Bilanzstichtag häufig, den Forderungsbestand am Jahresende verhältnismäßig zu verringern.

7.5.4.4. Überblick empirischer Werte der BACH-Datenbank für die teilnehmenden Länder

Die folgende Tabelle gibt einen Überblick über die Forderungsintensität von 2018 bis 2020 für ausgewählte Sektoren der NACE-Gliederung:

Sektor	Bezeichnung	2018	2019	2020
C	Verarbeitendes Gewerbe/Herstellung von Waren	14,93 %	14,28 %	13,42 %
F	Baugewerbe/Bau	19,42 %	19,12 %	18,36 %
G	Handel; Instandhaltung und Reparatur von Kraftfahrzeugen	19,02 %	18,54 %	16,93 %
I	Gastgewerbe/Beherbergung und Gastronomie	4,72 %	4,70 %	4,46 %
Zc	Gesamt ohne Holdinggesellschaften	12,27 %	11,97 %	11,05 %

Tab 45: Forderungsintensität BACH-Datenbank (Quelle der Basisdaten zur Berechnung: BACH [2022], abgerufen am 12.9.2022)

7.5.5. Personalintensität

$$\text{Personalintensität} = \frac{\text{Personalaufwand}}{\text{Gesamtleistung}}$$

7.5.5.1. Beispiel zur Berechnung der Personalintensität

Angabe

Die Mayer GmbH weist zum Stichtag einen Umsatz in Höhe von 110.000 € aus. Der Bestand an unfertigen und fertigen Erzeugnissen beträgt zum Stichtag 50.000 €, der Vorjahresbestand beträgt 20.000 €. Aktivierte Eigenleistungen wurden nicht erfasst. Der gesamte Personalaufwand des Geschäftsjahres beläuft sich auf 22.000 €.

Lösung

$$\text{Personalintensität} = \frac{22.000}{110.000 + (50.000 - 20.000)} = 15{,}7\ \%$$

7.5.5.2. Interpretation der Personalintensität im Zuge der Bilanzanalyse

Die **Personalintensität** gibt Aufschluss über den Einsatzfaktor Personal. Ein hoher Faktor deutet darauf hin, dass Gehaltsentwicklungen wesentliche Auswirkungen auf die Ertragslage des Unternehmens haben können. Da der Abbau von Personal in der Regel nur mittel- bis längerfristig möglich ist und hohe versteckte Kosten in der Reputation und Motivation der Mitarbeiter verursacht, kann eine hohe Personalintensität, gekoppelt mit einer hohen Umsatzvolatilität, auf ein hohes Risiko der Ertragslage hindeuten.

7.5.5.3. Kritische Würdigung der Personalintensität

Personalaufwendungen umfassen in der Regel auch Veränderungen von Personalrückstellungen. Für langfristige Personalrückstellungen besteht eine erhöhte Schätzunsicherheit. Insbesondere durch die Veränderung der Zinssätze bei der Ermittlung der Personalrückstellungen kann es zu erheblichen Schwankungen kommen. Die tatsächlichen Cashflows der Zukunft können zum Teil signifikant von den auf Basis der Rückstellung erwarteten Werten abweichen.

7.5.5.4. Überblick empirischer Werte der BACH-Datenbank für die teilnehmenden Länder

Die folgende Tabelle gibt einen Überblick über die Personalintensität von 2018 bis 2020 für ausgewählte Sektoren der NACE-Gliederung:

Sektor	Bezeichnung	2018	2019	2020
C	Verarbeitendes Gewerbe/Herstellung von Waren	14,22 %	14,57 %	15,59 %
F	Baugewerbe/Bau	19,96 %	20,01 %	19,76 %
G	Handel; Instandhaltung und Reparatur von Kraftfahrzeugen	7,04 %	7,13 %	7,42 %
I	Gastgewerbe/Beherbergung und Gastronomie	28,11 %	28,61 %	34,62 %
Zc	Gesamt ohne Holdinggesellschaften	13,50 %	13,80 %	14,36 %

Tab 46: Personalintensität BACH-Datenbank (Quelle der Basisdaten zur Berechnung: BACH [2022], abgerufen am 12.9.2022)

7.5.6. Materialintensität

$$\text{Materialintensität} = \frac{\text{Materialaufwand}}{\text{Gesamtleistung}}$$

7.5.6.1. Beispiel zur Berechnung der Materialintensität

Angabe

Die Mayer GmbH weist zum Stichtag einen Umsatz in Höhe von 110.000 € in der Gewinn- und Verlustrechnung aus. Der Bestand an unfertigen und fertigen Erzeugnissen beträgt 50.000 €, der Vorjahresbestand 20.000 €. Aktivierte Eigenleistungen in Höhe von 10.000 € wurden erfasst. Der gesamte Materialaufwand des Geschäftsjahres beläuft sich auf 50.000 €.

Lösung

$$\text{Materialintensität} = \frac{50.000}{110.000 + (50.000 - 20.000) + 10.000} = 33{,}3\ \%$$

7.5.6.2. Interpretation der Materialintensität im Zuge der Bilanzanalyse

Da der Materialeinsatz im Wesentlichen zu den variablen Kosten zählt, kann aus einer hohen **Materialintensität**, gekoppelt mit einer hohen Umsatzvolatilität, im Allgemeinen noch nicht auf ein erhöhtes Risiko für die Ertragslage geschlossen werden. Ungeachtet dessen können Schwankungen der Materialpreise erhebliche Auswirkungen auf die Ertragslage haben, sofern die Preisänderungen nicht an den Kunden weitergegeben werden können.

7.5.6.3. Kritische Würdigung der Materialintensität

Aufgrund des Bewertungsspielraums bei den Vorräten kann der Materialaufwand in nicht unerheblichem Umfang durch den Bilanzierenden beeinflusst werden. Insbesondere bei Klein- und Mittelbetrieben wird dieser Spielraum nach unserer Erfahrung gerne ausgenutzt. Weiters gilt für die Analyse des Nenners das bei der Gesamtleistung unter Kapitel 7.5.1. Dargestellte.

7.5.6.4. Überblick empirischer Werte der BACH-Datenbank für die teilnehmenden Länder

Die folgende Tabelle gibt einen Überblick über die Materialintensität von 2018 bis 2020 für ausgewählte Sektoren der NACE-Gliederung:

Sektor	Bezeichnung	2018	2019	2020
C	Verarbeitendes Gewerbe/Herstellung von Waren	60,90 %	60,31 %	59,46 %
F	Baugewerbe/Bau	37,74 %	36,74 %	37,56 %
G	Handel; Instandhaltung und Reparatur von Kraftfahrzeugen	79,44 %	79,49 %	78,84 %
I	Gastgewerbe/Beherbergung und Gastronomie	33,57 %	33,30 %	37,57 %
Zc	Gesamt ohne Holdinggesellschaften	58,36 %	57,49 %	57,30 %

Tab 47: Materialintensität BACH-Datenbank (Quelle der Basisdaten zur Berechnung: BACH [2022], abgerufen am 12.9.2022)

7.6. Investitionsanalyse

Für die zukünftige Entwicklung von Unternehmen sind Investitionen oft von entscheidender Bedeutung. Werden notwendige Investitionen unterlassen, kommt es aufgrund der Überalterung oder des Ausfalls von Altanlagen zumeist mittel- bis langfristig zu einer Verschlechterung der Ertragslage. Werden Erweiterungsinvestitionen durchgeführt, so werden zusätzliche Kapazitäten für zukünftige Expansionen geschaffen. Zur Analyse, ob regelmäßig in ausreichendem Maße Investitionen getätigt werden, kann die **Investitionsdeckung** oder die Ermittlung des **Anlagenabnutzungsgrads** hilfreich sein.

7.6.1. Investitionsdeckung

$$\text{Investitionsdeckung} = \frac{\text{Nettoinvestitionen ins abschreibbare Anlagevermögen}}{\text{Abschreibungen}}$$

	Buchwert zu Beginn des GJ
+	Zugänge im GJ
+/–	Umbuchungen im GJ
+	Zuschreibungen im GJ
–	Abschreibungen im GJ
–	Buchwert zum Bilanzstichtag
=	**Buchwert abgegangener Anlagen**

	Anlagenzugänge im GJ in das abnutzbare SAV
+	positive Umbuchungen im GJ in das abnutzbare SAV
–	Buchwertabgänge im GJ des abnutzbaren SAV im GJ
=	**Nettoinvestitionen im GJ**

7.6.1.1. Beispiel zur Berechnung der Investitionsdeckung

Angabe

Der Anlagenspiegel der Mayer GmbH zeigt Zugänge von insgesamt 15.000 € im abnutzbaren Anlagevermögen. Der Buchwert zu Beginn des Jahres betrug 30.000 € und am Ende des Jahres 32.000 €. Die Abschreibungen des Jahres belaufen sich auf 10.000 €.

Lösung

Nettoinvestitionen = 15.000 – (30.000 + 15.000 – 10.000 – 32.000) = 12.000

$$\text{Investitionsdeckung} = \frac{12.000}{10.000} = 120\ \%$$

7.6.1.2. Interpretation der Investitionsdeckung im Zuge der Bilanzanalyse

Eine ausgeglichene **Investitionsdeckung**, bei der die Nettoinvestitionen den Abschreibungen entsprechen, bedeutet, dass genau in Höhe des Wertverzehrs des abschreibbaren Anlagevermögens reinvestiert wurde. Liegen die Nettoinvestitionen langfristig unter der Abschreibung, kann ein Investitionsrückstau oder ein Abbau von Kapazitäten der Grund sein. Liegen die Nettoinvestitionen langfristig über der Abschreibung, deutet die Kennzahl auf eine Kapazitätserweiterung hin.

7.6.1.3. Kritische Würdigung der Investitionsdeckung

Aufgrund des unregelmäßigen Anfalls von Investitionen ist jedenfalls eine mehrjährige Betrachtung der Kennzahl notwendig. Weiters können falsch angenommene Nutzungsdauern zu erheblichen Verzerrungen der Kennzahl führen. Wenn die Nutzungsdauer auch für steuerliche Zwecke herangezogen wird, bestehen regelmäßig Anreize bei Unternehmen, die Nutzungsdauern möglichst kurz anzusetzen. Da sich der Wertverzehr durch die Abschreibung auf historische Anschaffungskosten bezieht, werden außerdem Inflationseffekte und technische Fortschritte nicht berücksichtigt. Somit kann es sowohl zu Kapazitätserweiterungen trotz fehlender Investitionsdeckung als auch zu Kapazitätsrückgängen und Investitionsrückstau trotz vorhandener Investitionsdeckung kommen. Schlussendlich können Leasingvereinbarungen und Instandhaltungsaufwendungen, die nicht im Anlagevermögen erfasst werden, zu erheblichen Verzerrungen der Investitionsdeckung führen.

7.6.1.4. Überblick empirischer Werte der BACH-Datenbank für die teilnehmenden Länder

Die folgende Tabelle gibt einen Überblick über die Investitionsdeckung von 2018 bis 2020 für ausgewählte Sektoren der NACE-Gliederung:

Sektor	Bezeichnung	2018	2019	2020
C	Verarbeitendes Gewerbe/Herstellung von Waren	112,48 %	113,05 %	109,78 %
F	Baugewerbe/Bau	160,73 %	161,94 %	183,39 %
G	Handel; Instandhaltung und Reparatur von Kraftfahrzeugen	87,68 %	98,77 %	89,29 %
I	Gastgewerbe/Beherbergung und Gastronomie	170,63 %	184,37 %	236,74 %
Zc	Gesamt ohne Holdinggesellschaften	137,00 %	139,98 %	148,92 %

Tab 48: Investitionsdeckung BACH-Datenbank (Quelle der Basisdaten zur Berechnung: BACH [2022], abgerufen am 12.9.2022)

7.6.2. Anlagenabnutzungsgrad

$$\text{Anlagenabnutzungsgrad} = \frac{\text{kumulierte Abschreibungen}}{\text{durchschnittliche Anschaffungs- und Herstellungskosten}}$$

7.6.2.1. Beispiel zur Berechnung des Anlagenabnutzungsgrades

Angabe

Der Anlagenspiegel der Mayer GmbH zeigt historische Anschaffungskosten des abschreibbaren Anlagevermögens von insgesamt 60.000 € zu Beginn des Jahres und 65.000 € am Ende des Jahres. Die kumulierten Abschreibungen laut Anlagenspiegel belaufen sich auf 45.000 €.

Lösung

$$\text{Anlagenabnutzungsgrad} = \frac{45.000}{1/2 \times (60.000 + 65.000)} = 0{,}72$$

7.6.2.2. Interpretation des Anlagenabnutzungsgrades im Zuge der Bilanzanalyse

Der Anlagenabnutzungsgrad gibt an, wie weit der Wertverzehr des Anlagevermögens bereits fortgeschritten ist. Ein Anlagenabnutzungsgrad von eins würde bedeuten, dass bereits alle Anlagen vollständig abgeschrieben sind, und – im Falle der korrekt angenommenen Nutzungsdauer – eine Neuanschaffung der Anlagen notwendig wäre. Der Abnutzungsgrad ist daher im Regelfall kleiner als eins.

7.6.2.3. Kritische Würdigung des Anlagenabnutzungsgrades

Auch beim Anlagenabnutzungsgrad können falsch angenommene Nutzungsdauern zu erheblichen Verzerrungen der Kennzahl führen. Aus unserer Erfahrung werden außerdem – aufgrund der unregelmäßig stattfindenden Anlageninventuren und von nicht durchgeführten Verschrottungen – bei vielen Unternehmen die historischen Anschaffungskosten zu hoch ausgewiesen und umfassen Anlagengüter, die teilweise nicht mehr vorhanden oder noch nicht verschrottet sind, aber jedenfalls keiner Nutzung mehr unterliegen. Dies fällt im Buchwert nicht ins Gewicht, wenn die Anlagengüter bereits voll abgeschrieben sind und somit mit einem Buchwert von null aufscheinen. Mangels erfassten Abgangs scheinen die Anlagen aber noch in den Anschaffungs- und Herstellungskosten des Anlagespiegels auf. Schließlich können auch bei dieser Kennzahl Leasingvereinbarungen und nicht aktivierte Großreparaturen die Kennzahl in der Analyse von UGB- und dHGB-Abschlüssen erheblich verzerren. Oftmals können in der Praxis durch Betriebsbesichtigungen bessere Erkenntnisse gewonnen werden, was für externe Analysen häufig kaum möglich sein wird.

7.6.3. Kennzahlen der operativen Effizienz

Kennzahlen der operativen Effizienz geben Auskunft darüber, wie effizient das Vermögen und Kapital der Gesellschaft eingesetzt wird. Bezugsgröße ist jeweils der Umsatz im Zähler. Im Nenner stehen entweder das Gesamtvermögen, das Anlagevermögen oder das Eigenkapital. Im deutschsprachigen Raum werden die Kennzahlen als **Umschlagshäufigkeit des Vermögens**, **Umschlagshäufigkeit des Anlagevermögens** und **Umschlagshäufigkeit des Eigenkapitals** bezeichnet.

7.6.4. Umschlagshäufigkeit des Vermögens

$$\text{Umschlagshäufigkeit des Vermögens} = \frac{\text{Umsatzerlöse}}{\text{durchschnittliches Vermögen}}$$

7.6.4.1. Beispiel zur Berechnung der Umschlagshäufigkeit des Vermögens

Angabe

Die Mayer GmbH erwirtschaftet im Geschäftsjahr einen Umsatz von 110.000 €. Die Bilanzsumme zu Beginn des Jahres beträgt 150.000 € und am Ende des Jahres 140.000 €.

Lösung

$$\text{Umschlagshäufigkeit des Vermögens} = \frac{110.000}{1/2 \times (140.000 + 150.000)} = 0{,}76$$

7.6.4.2. Interpretation der Umschlagshäufigkeit des Vermögens im Zuge der Bilanzanalyse

Grundsätzlich gilt, dass eine hohe **Umschlagshäufigkeit des Vermögens** auf einen effizienten Einsatz der Vermögenswerte hindeutet. Je höher die Umsatzerlöse im Verhältnis zu den eingesetzten Vermögenswerten sind, desto besser ist die Auslastung und Nutzung der Vermögenswerte. Ein niedriger Vermögensumschlag deutet außerdem auf ein erhöhtes Risiko aus der Kapitalbindung hin, da das Vermögen langsamer zurückverdient werden kann. Ein Vergleich der Umschlagshäufigkeit des Vermögens sollte insbesondere im Zeitablauf sowie innerhalb der Branche stattfinden, da bei verschiedenen Branchen sehr unterschiedliche Umschlagshäufigkeiten zu beobachten sind. Eine anlagenintensive Industrie mit sehr langlebigen Wirtschaftsgütern, wie beispielsweise die Energieversorgung, wird typischerweise eine wesentlich niedrigere Umschlagshäufigkeit des Vermögens aufweisen als beispielsweise ein Softwareunternehmen.

7.6.4.3. Kritische Würdigung der Umschlagshäufigkeit des Vermögens

Wie bereits bei der Anlagenintensität können auch bei der Umschlagshäufigkeit des Vermögens nicht erfasste Vermögensgegenstände aufgrund von Operating-Leasing-Geschäften in UGB- und dHGB-Abschlüssen die Ergebnisse im betriebsübergreifenden Vergleich verzerren. Wird bei gleichem wirtschaftlichen Gehalt einmal ein Anlagengegenstand geleast und einmal im Vermögen aktiviert, würde die Umschlagshäufigkeit beim Leasinggeschäft auf eine effizientere Nutzung hindeuten, obwohl ökonomisch der gleiche Sachverhalt vorliegt. Weiters können unterschiedliche Nutzungsdauern zur Bildung von stillen Reserven im Anlagevermögen führen und einen effizienteren Umschlag darstellen, als er tatsächlich stattfindet. Werden Investitionen gänzlich gestrichen oder in spätere Perioden verschoben, steigt die Umschlagshäufigkeit des Vermögens ebenfalls, obwohl durch den Investitionsrückstau typischerweise die zukünftige Finanz- und Ertragslage belastet wird. Auch die unterschiedliche Behandlung und Bewertung immaterieller Anlagegüter in unterschiedlichen Rechnungslegungsregimen ist an dieser Stelle als problematisch anzuführen. Im dHGB spielt das Wahlrecht für die Aktivierung von Entwicklungsaufwendungen eine Rolle. Die Ermittlung des durchschnittlichen Vermögens auf Basis von Stichtagswerten ist ebenfalls kritisch, da – gezielt oder auch saisonal bedingt – der Jahresdurchschnitt vom Durchschnitt der Stichtagswerte erheblich abweichen kann. Die Saldierung von Vermögenswerten mit Schulden, wie beispielsweise bei der Saldierung der Pensionsrückstellungen sowohl nach österreichischem[241] als auch nach deutschem Recht[242] mit gewissen Vermögenswerten und unter definierten Voraussetzungen, hat ebenfalls Auswirkungen auf die Ermittlung der Kennzahl. Im Gesamtvermögen kann jeglicher noch nicht explizit angeführter bilanzpolitischer Er-

241 Vgl AFRAC-Stellungnahme 27 Rz 49.
242 Vgl § 246 Abs 2 dHGB.

messensspielraum in der Bewertung durch den Bilanzierenden ausgenutzt werden. Deshalb ist nach unserer Ansicht bei der Beurteilung dieser Kennzahl besondere Vorsicht geboten.

7.6.4.4. Überblick empirischer Werte der BACH-Datenbank für die teilnehmenden Länder

Die folgende Tabelle gibt einen Überblick über die Umschlagshäufigkeit des Vermögens von 2018 bis 2020 für ausgewählte Sektoren der NACE-Gliederung:

Sektor	Bezeichnung	2018	2019	2020
C	Verarbeitendes Gewerbe/Herstellung von Waren	1,01	0,99	0,86
F	Baugewerbe/Bau	0,72	0,77	0,70
G	Handel; Instandhaltung und Reparatur von Kraftfahrzeugen	1,93	1,96	1,77
I	Gastgewerbe/Beherbergung und Gastronomie	0,74	0,76	0,47
Zc	Gesamt ohne Holdinggesellschaften	0,91	0,91	0,81

Tab 49: Umschlagshäufigkeit des Vermögens BACH-Datenbank (Quelle der Basisdaten zur Berechnung: BACH [2022], abgerufen am 12.9.2022)

7.6.5. Umschlagshäufigkeit des Sachanlagevermögens

$$\text{Umschlagshäufigkeit des SAV} = \frac{\text{Umsatzerlöse}}{\text{durchschnittliches Sachanlagevermögen}}$$

7.6.5.1. Beispiel zur Berechnung der Umschlagshäufigkeit des Sachanlagevermögens

Angabe

Die Mayer GmbH erwirtschaftet im Geschäftsjahr einen Umsatz von 110.000 €. Das Anlagevermögen umfasst immaterielle Vermogensgegenstände in Höhe von 10.000 € (Vorjahr: 9.000 €), Sachanlagevermögen in Höhe von 25.000 € (Vorjahr 30.000 €) sowie Finanzanlagen in Höhe von 5.000 € (Vorjahr 4.500 €).

Lösung

$$\text{Umschlagshäufigkeit des SAV} = \frac{110.000}{1/2 \times (25.000 + 30.000)} = 4{,}00$$

7.6.5.2. Interpretation der Umschlagshäufigkeit des Sachanlagevermögens im Zuge der Bilanzanalyse

Eine hohe **Umschlagshäufigkeit des Sachanlagevermögens** deutet auf eine effiziente Nutzung der Vermögenswerte hin, in diesem Fall der Vermögenswerte des Sachanlagevermögens. Steigt beispielsweise der Umsatz bei gleichbleibendem Sachanlagevermögen und gleicher Umsatzrentabilität, kann mit dem gleichen Einsatz an Anlagevermögen ein höherer Gewinn erzielt werden. Aufgrund des längerfristigen Charakters des Sachanlagevermögens sinkt auch bei höherem Umschlag typischerweise das Risiko der Auslastung der Anlagen. Ein Vergleich mit anderen Unternehmen sollte nur innerhalb der Branche stattfinden, da unterschiedliche Industrien sehr unterschiedliche Nutzungscharakteristika des Sachanlagevermögens aufweisen.

7.6.5.3. Kritische Würdigung der Umschlagshäufigkeit des Sachanlagevermögens

Durch die Begrenzung lediglich auf das Sachanlagevermögen bestehen weniger Gefahren bei der Analyse und Vergleichbarkeit als bei der Umschlagshäufigkeit des Gesamtvermögens. Damit der Einsatz dieser Kennzahl sinnvoll ist, sollte eine effiziente Nutzung des Sachanlagevermögens für die Branche einer der entscheidenden wertetreibenden Faktoren sein, wie beispielsweise in der Stahlindustrie oder in der Energieversorgung. Auch bei der Umschlagshäufigkeit des Sachanlagevermögens führen operative Leasinggeschäfte zu einer Verbesserung der Kennzahl, obwohl ökonomisch betrachtet das Anlagevermögen schlechter ausgelastet sein kann. Werden kurze Nutzungsdauern verwendet, kann es zur Bildung stiller Reserven kommen, wodurch der Umschlag besser dargestellt wird, als er tatsächlich ist. Sofern die Informationen vorhanden sind, sollte außerdem zwischen dem betriebsnotwendigen und dem nicht betriebsnotwendigen Vermögen unterschieden werden. Werden Grundstücke nicht zur Erzielung von Umsatzerlösen genutzt, erhöhen diese dennoch das durchschnittliche Sachanlagevermögen. Die Nutzung des Sachanlagevermögens wird dadurch weniger effizient dargestellt, als sie tatsächlich ist, da die nicht betriebsnotwendigen Betriebsgrundstücke jederzeit veräußert werden könnten, ohne dass dadurch Umsatzvolumina reduziert werden müssen.

7.6.5.4. Überblick empirischer Werte der BACH-Datenbank für die teilnehmenden Länder

Die folgende Tabelle gibt einen Überblick über die Umschlagshäufigkeit des Sachanlagevermögens von 2018 bis 2020 für ausgewählte Sektoren der NACE-Gliederung:

Sektor	Bezeichnung	2018	2019	2020
C	Verarbeitendes Gewerbe/Herstellung von Waren	4,01	3,83	3,31
F	Baugewerbe/Bau	3,47	3,69	3,48
G	Handel; Instandhaltung und Reparatur von Kraftfahrzeugen	10,93	11,12	10,18
I	Gastgewerbe/Beherbergung und Gastronomie	1,34	1,37	0,89
Zc	Gesamt ohne Holdinggesellschaften	2,94	2,90	2,56

Tab 50: Umschlagshäufigkeit des Sachanlagevermögens BACH-Datenbank (Quelle der Basisdaten zur Berechnung: BACH [2022], abgerufen am 12.9.2022)

7.6.6. Umschlagshäufigkeit des Eigenkapitals

$$\text{Umschlagshäufigkeit des Eigenkapitals} = \frac{\text{Umsatzerlöse}}{\text{durchschnittliches Eigenkapital}}$$

7.6.6.1. Beispiel zur Berechnung der Umschlagshäufigkeit des Eigenkapitals

Angabe

Die Mayer GmbH erwirtschaftet im Geschäftsjahr einen Umsatz von 110.000 €. Das Eigenkapital zu Beginn des Geschäftsjahres betrug 45.000 €. Das Unternehmen erzielte einen Gewinn in Höhe von 10.000 €, wovon 5.000 € auf neue Rechnung vorgetragen wurden und 5.000 € an die Eigentümer ausgeschüttet wurden. Ansonsten fanden keine Transaktionen im Eigenkapital statt.

Lösung

Eigenkapital am Ende des GJ = 45.000 + 10.000 – 5.000 = 50.000

$$\text{Umschlagshäufigkeit des Eigenkapitals} = \frac{110.000}{1/2 \times (45.000 + 50.000)} = 2{,}32$$

7.6.6.2. Interpretation der Umschlagshäufigkeit des Eigenkapitals im Zuge der Bilanzanalyse

Die **Umschlagshäufigkeit des Eigenkapitals** soll Auskunft darüber geben, wie effizient die Mittel der Eigentümer eingesetzt werden. Setzt man gleiche Umsatzrentabilität, bezogen auf das Net Income, voraus, ergibt sich bei einer höheren Umschlagshäufigkeit des Eigenkapitals eine höhere Eigenkapitalrentabilität. In diesem Fall kann durch eine gezielte Erhöhung des Fremdkapitals die Rentabilität für die Eigentümer gesteigert werden (Leverage-Effekt). Eine hohere Umschlagshäufigkeit des Eigenkapitals ergibt sich jedoch auch bei schlecht kapitalisierten Unternehmen, die einem erhöhten Insolvenzrisiko unterliegen. Wie bereits bei anderen angeführten Kennzahlen ist bei der Umschlagshäufigkeit des Eigenkapitals ein Vergleich im Zeitablauf oder innerhalb der gleichen Branche vorzuziehen.

7.6.6.3. Kritische Würdigung der Umschlagshäufigkeit des Eigenkapitals

Da es sich beim Eigenkapital um eine Residualgröße handelt, gehen in die Ermittlung alle bilanzpolitischen Maßnahmen, Wahlrechte und Bewertungsspielräume des Bilanzierenden ein. Die Entwicklung dieser Kennzahl kann daher oftmals mehr buchhalterische als ökonomisch relevante Grundlagen haben. Nach unserer Ansicht ist daher auch bei der Analyse dieser Kennzahl erhöhte Vorsicht bei der Beurteilung geboten.

7.6.6.4. Überblick empirischer Werte der BACH-Datenbank für die teilnehmenden Länder

Die folgende Tabelle gibt einen Überblick über die Umschlagshäufigkeit des Eigenkapitals von 2018 bis 2020 für ausgewählte Sektoren der NACE-Gliederung:

Sektor	Bezeichnung	2018	2019	2020
C	Verarbeitendes Gewerbe/Herstellung von Waren	2,33	2,30	1,96
F	Baugewerbe/Bau	2,56	2,62	2,45
G	Handel; Instandhaltung und Reparatur von Kraftfahrzeugen	5,17	5,38	4,85
I	Gastgewerbe/Beherbergung und Gastronomie	2,03	1,93	1,39
Zc	Gesamt ohne Holdinggesellschaften	2,39	2,36	2,11

Tab 51: Umschlagshäufigkeit des Eigenkapitals BACH-Datenbank (Quelle der Basisdaten zur Berechnung: BACH [2022], abgerufen am 12.9.2022)

7.7. Kennzahlen der operativen Rentabilität

Kennzahlen der operativen Rentabilität setzen – mit Ausnahme der Rohertragsmarge – eine Ergebniskenngröße ins Verhältnis mit dem eingesetzten Kapital oder den Umsatzerlösen. Sie sollen darüber Auskunft geben, wie rentabel der Leistungserstellungsprozess des Unternehmens ist. Die **Rohertragsmarge** wird als Differenz aus Umsatz und Materialeinsatz, bezogen auf den Umsatz, ermittelt. Werden die Ergebniskenngrößen mit den Umsatzerlösen ins Verhältnis gesetzt, spricht man im deutschsprachigen Raum von der Umsatzrentabilität. Die Rentabilität des Vermögens wird üblicherweise sowohl für das Gesamtvermögen (**Gesamtkapitalrentabilität**) als auch für das Eigenkapital (**Eigenkapitalrentabilität**) berechnet. Teilweise wird zur Verbesserung der Aussagekraft das eingesetzte Kapital noch korrigiert, beispielsweise beim **Return on Total Invested Capital**.

7.7.1. Rohertragsmarge

Umsatzkostenverfahren:

$$\text{Rohertragsmarge} = \frac{\text{Umsatzerlöse} - \text{Herstellungskosten des Umsatzes}}{\text{Umsatzerlöse}}$$

Gesamtkostenverfahren:

$$\text{Rohertragsmarge} = \frac{\text{Betriebsleistung} - \text{Materialaufwand}}{\text{Umsatzerlöse}}$$

7.7.1.1. Beispiel zur Berechnung der Rohertragsmarge

Angabe

Die Mayer GmbH erwirtschaftet im Geschäftsjahr einen Umsatz von 110.000 €. Die Herstellkosten des Umsatzes betrugen 60.000 €. Dem Anhang ist zu entnehmen, dass der gesamte Materialaufwand 40.000 € betrug. Die Bestandsveränderung betrug –20.000 €.

Lösung

Umsatzkostenverfahren:

$$\text{Rohertragsmarge} = \frac{110.000 - 60.000}{110.000} = 45{,}5\ \%$$

Gesamtkostenverfahren:

Umsatzerlöse	110.000
Bestandsveränderung	–20.000
Betriebsleistung	**90.000**
Materialaufwand	–40.000
Rohertrag	**50.000**

$$\text{Rohertragsmarge} = \frac{50.000}{110.000} = 45{,}5\ \%$$

7.7.1.2. Interpretation der Rohertragsmarge im Zuge der Bilanzanalyse

Die **Rohertragsmarge** ist eine wichtige und beliebte Kenngröße sowohl im Zeitablauf als auch im Vergleich zu anderen Unternehmen. Eine fallende Rohertragsmarge deutet darauf hin, dass das Unternehmen nicht in der Lage ist, die Preissteigerung der Einsatzfaktoren an den Kunden weiterzugeben. Wird die Rohertragsmarge anhand des Materialaufwands errechnet, ist dieser im Wesentlichen unabhängig von den Fixkosten und somit von der Auslastung des Unternehmens. Dadurch ist diese Kennzahl nach unserer Ansicht ein guter Indikator für das allgemeine Marktumfeld und die Marktmacht des Unternehmens und kann für die Marktstrategie herangezogen werden. Sinkt die Rohertragsmarge, so muss zur Erhaltung des absoluten Gewinns der Umsatz entweder durch höhere Mengen oder durch höhere Preise gesteigert werden.

7.7.1.3. Kritische Würdigung der Rohertragsmarge

In die Rohertragsmarge fließt die Bewertung der Vorräte ein. Wie bereits mehrfach angeführt, bestehen Ermessensspielräume in der Bewertung der Vorräte. Insbesondere bei der Berechnung anhand der Herstellkosten des Umsatzes kommt es in der Praxis zusätzlich zu Problemen bei der Zuordnung der Kosten zwischen den Herstellkosten des Umsatzes und den anderen Aufwands- und Ertragsposten der Gewinn- und Verlustrechnung. Ein Vergleich außerhalb der Zeitreihe oder mit anderen Branchen ist für die Rohertragsmarge im Regelfall nicht zielführend.

7.7.1.4. Überblick empirischer Werte der BACH-Datenbank für die teilnehmenden Länder

Die folgende Tabelle gibt einen Überblick über die Rohertragsmarge von 2018 bis 2020 für ausgewählte Sektoren der NACE-Gliederung:

Sektor	Bezeichnung	2018	2019	2020
C	Verarbeitendes Gewerbe/Herstellung von Waren	38,46 %	39,33 %	40,38 %
F	Baugewerbe/Bau	61,81 %	62,58 %	62,22 %
G	Handel; Instandhaltung und Reparatur von Kraftfahrzeugen	20,47 %	20,40 %	21,07 %
I	Gastgewerbe/Beherbergung und Gastronomie	66,37 %	66,63 %	62,38 %
Zc	Gesamt ohne Holdinggesellschaften	41,28 %	42,19 %	42,45 %

Tab 52: Rohertragsmarge BACH-Datenbank (Quelle der Basisdaten zur Berechnung: BACH [2022], abgerufen am 12.9.2022)

7.7.2. Umsatzrentabilität

$$\text{Umsatzrentabilität} = \frac{\text{Ergebniskenngröße}}{\text{Umsatzerlöse}}$$

7.7.2.1. Beispiel zur Berechnung der Umsatzrentabilität

Angabe

Die Mayer GmbH erwirtschaftet im Geschäftsjahr einen Umsatz von 110.000 €. Das Operating Income beträgt 23.000 €. Erträge aus der Investition in Finanzanlagen betragen 1.000 €. Abschreibungen in Höhe von 10.000 € wurden in der Gewinn- und Verlustrechnung erfasst. Weiters sind Zinsaufwendungen in Höhe von 2.000 € angefallen. An Steueraufwendungen wurden 5.000 € erfasst.

Lösung

$$\text{Umsatzrentabilität (Operating Income)} = \frac{23.000}{110.000} = 20{,}9\ \%$$

$$\text{Umsatzrentabilität (EBITDA)} = \frac{34.000}{110.000} = 30{,}9\ \%$$

$$\text{Umsatzrentabilität (EBIT)} = \frac{24.000}{110.000} = 21{,}8\ \%$$

$$\text{Umsatzrentabilität (EBT)} = \frac{22.000}{110.000} = 20{,}0\ \%$$

$$\text{Umsatzrentabilität (Net Income)} = \frac{17.000}{110.000} = 15{,}5\ \%$$

7.7.2.2. Interpretation der Umsatzrentabilität im Zuge der Bilanzanalyse

Je höher das Ergebnis bezogen auf die Umsatzerlöse, desto profitabler ist das Unternehmen. Die Auswahl der Ergebniskenngröße hängt vom Ziel der Analyse ab. Soll das Management beurteilt werden, kann dieses jedoch die Finanzierungsstruktur des Unternehmens nicht beeinflussen, sollte eine Rentabilität vor Zinsen – wie beispielsweise das EBIT – herangezogen werden. Auch für den Vergleich zwischen Unternehmen oder im innerbetrieblichen Vergleich sollte die Rentabilität herangezogen werden, die dem Ziel der Analyse am besten entspricht. Wie unter Kapitel 7.3.1. angeführt, hängt die Auswahl auch von der Qualität der Ergebniskenngröße ab. Obwohl ein Eigenkapitalgeber an der Umsatzrentabilität des Net Income tendenziell das höchste Interesse haben sollte, da dieses im Regelfall ausschüttungsrelevant ist, können andere Ergebniskenngrößen eine höhere zukünftige Wertrelevanz aufweisen und sollten daher möglicherweise bevorzugt werden.

7.7.2.3. Kritische Würdigung der Umsatzrentabilität

Grundsätzlich schlagen die gleichen Probleme, die bei der Ermittlung der Ergebniskenngröße unter Kapitel 7.3. und der Analyse der Umsätze unter Kapitel 7.4. dargestellt wurden, auch für die Ermittlung der Umsatzrentabilität durch. Wesentlicher Einflussfaktor ist die Qualität der verwendeten Ergebniskenngröße und die Vertrauenswürdigkeit der Umsatzerlöse.

7.7.2.4. Überblick empirischer Werte der BACH-Datenbank für die teilnehmenden Länder

Die folgende Tabelle gibt einen Überblick über die Umsatzrentabilität (EBIT) von 2018 bis 2020 für ausgewählte Sektoren der NACE-Gliederung:

Sektor	Bezeichnung	2018	2019	2020
C	Verarbeitendes Gewerbe/Herstellung von Waren	9,88 %	6,82 %	5,72 %
F	Baugewerbe/Bau	6,13 %	6,53 %	6,42 %
G	Handel; Instandhaltung und Reparatur von Kraftfahrzeugen	7,62 %	3,71 %	3,86 %
I	Gastgewerbe/Beherbergung und Gastronomie	7,22 %	7,04 %	-6,67 %
Zc	Gesamt ohne Holdinggesellschaften	9,07 %	6,36 %	5,72 %

Tab 53: Umsatzrentabilität BACH-Datenbank (Quelle der Basisdaten zur Berechnung: BACH [2022], abgerufen am 12.9.2022)

7.7.3. Gesamtkapitalrentabilität

$$\text{Gesamtrentabilität} = \frac{\text{EBIT}}{\text{durchschnittliche Bilanzsumme}}$$

7.7.3.1. Beispiel zur Berechnung der Gesamtkapitalrentabilität

Angabe

Das Operating Income der Mayer GmbH beträgt 23.000 €. Erträge aus Finanzanlagen betrugen 1.000 €. Abschreibungen in Höhe von 10.000 € wurden in der Gewinn- und Verlustrechnung erfasst. Weiters sind Zinsaufwendungen in Höhe von 2.000 € angefallen. An Steueraufwendungen wurden 5.000 € erfasst. Die Bilanzsumme zu Beginn des Geschäftsjahres betrug 100.000 €, am Ende des Geschäftsjahres 90.000 €.

Lösung

Durchschnittliche Bilanzsumme = 1/2 × (100.000 + 90.000) = 95.000

$$\text{Gesamtrentabilität} = \frac{24.000}{95.000} = 25{,}3\ \%$$

7.7.3.2. Interpretation der Gesamtkapitalrentabilität im Zuge der Bilanzanalyse

Je höher die **Gesamtkapitalrentabilität**, desto profitabler wurde das Vermögen des Unternehmens eingesetzt. Als Ergebniskenngröße wird im Regelfall das EBIT herangezogen, da das Vermögen allen Kapitalgebern zur Verfügung steht.

7.7.3.3. Kritische Würdigung der Gesamtkapitalrentabilität

Grundsätzlich gilt für die Analyse des Gesamtvermögens dasselbe, wie bereits unter Kapitel 7.6.4. zur Umschlagshäufigkeit des Gesamtvermögens diskutiert. Das Gesamtvermögen kann aufgrund der Bewertungsspielräume zum Teil erheblichen Schwankungen unterliegen oder auch bewusst im Rahmen der gesetzlichen Möglichkeiten durch Bilanzpolitik beeinflusst werden. Aus diesem Grund wird empfohlen, in der Analyse der Rentabilität einen längeren Beobachtungszeitraum heranzuziehen, in dem sich bilanzpolitische Maßnahmen wieder aufheben könnten. Ein weiterer Kritikpunkt, der durch andere Kennzahlen berücksichtigt wird, ist, dass das Gesamtkapital sowohl verzinsliches als auch unverzinsliches Fremdkapital umfasst. Will man die Rentabilität für die Kapitalgeber berechnen, sollte jedoch nur das verzinsliche Fremdkapital berücksichtigt werden. Wie das verzinsliche Fremdkapital definiert werden kann, ist in Kapitel 7.7.5. zu finden.

7.7.3.4. Überblick empirischer Werte der BACH-Datenbank für die teilnehmenden Länder

Die folgende Tabelle gibt einen Überblick über die Gesamtkapitalrentabilität von 2018 bis 2020 für ausgewählte Sektoren der NACE-Gliederung:

Sektor	Bezeichnung	2018	2019	2020
C	Verarbeitendes Gewerbe/Herstellung von Waren	11,30 %	6,76 %	4,84 %
F	Baugewerbe/Bau	4,41 %	4,88 %	4,34 %
G	Handel; Instandhaltung und Reparatur von Kraftfahrzeugen	14,25 %	7,25 %	6,74 %
I	Gastgewerbe/Beherbergung und Gastronomie	5,33 %	5,42 %	-3,34 %
Zc	Gesamt ohne Holdinggesellschaften	8,16 %	5,74 %	4,38 %

Tab 54: Gesamtkapitalrentabilität BACH-Datenbank (Quelle der Basisdaten zur Berechnung: BACH [2022], abgerufen am 12.9.2022)

7.7.4. Eigenkapitalrentabilität

$$\text{Eigenkapitalrentabilität} = \frac{\text{Net Income}}{\text{durchschnittliches Eigenkapital}}$$

7.7.4.1. Beispiel zur Berechnung der Eigenkapitalrentabilität

Angabe

Das Operating Income der Mayer GmbH beträgt 23.000 €. Erträge aus Finanzanlagen betrugen 1.000 €. Abschreibungen in Höhe von 10.000 € wurden in der Gewinn- und Verlustrechnung erfasst. Weiters sind Zinsen in Höhe von 2.000 € angefallen. An Steueraufwendungen wurden 5.000 € erfasst. Das Eigenkapital zu Beginn des Geschäftsjahres betrug 30.000 €, es erfolgte eine Ausschüttung in Höhe von 12.000 €.

Lösung

Eigenkapital am Ende des GJ = 30.000 + 17.000 – 12.000 = 35.000

Durchschnittliches Eigenkapital = 1/2 × (30.000 + 35.000) = 32.500

$$\text{Eigenkapitalrentabilität} = \frac{17.000}{32.500} = 52,3\ \%$$

7.7.4.2. Interpretation der Eigenkapitalrentabilität im Zuge der Bilanzanalyse

Eine hohe **Eigenkapitalrentabilität** bedeutet eine hohe Profitabilität für die Eigenkapitalgeber des Unternehmens. Als Ergebniskenngröße wird das Net Income herangezogen, da dieses als Bemessungsgrundlage für die mögliche Ausschüttung zur Verfügung steht. Teilweise erfolgt aber auch eine Berechnung anhand des EBT oder anhand des EBT abzüglich fiktiver Steuern auf das EBT. Zu beachten ist, dass bei einem niedrigen Eigenkapital zwangsläufig eine höhere Kapitalrendite bei gleichem Net Income entsteht. Unternehmen mit geringer Eigenkapitalausstattung erscheinen bei gleichem Ergebnis dadurch attraktiver, obwohl ein höheres Insolvenzrisiko besteht. Anstelle des durchschnittlichen Eigenkapitals wird auch teilweise das Eigenkapital am Beginn des Geschäftsjahres verwendet.

7.7.4.3. Kritische Würdigung der Eigenkapitalrentabilität

Auch hier ist zunächst auf die Erläuterung zur Umschlagshäufigkeit des Eigenkapitals unter Kapitel 7.6.6. zu verweisen. Das Eigenkapital kann hohen Schwankungen aufgrund von Stichtagsbewertungen unterliegen, die jedoch auch in Zukunft zu keinen Cashflows führen.

Ein Praxisfall ist die Berechnung von Personalrückstellungen gemäß der Projected Unit Credit Method nach IAS 19. Für die Berechnung wird in einem IFRS-Abschluss ein Stichtagszinssatz verwendet, der erheblichen Schwankungen unterliegen kann. In UGB- und dHGB-Abschlüssen kann die Projected Unit Credit Method auch angewendet werden, wobei ein zumeist stabilerer durchschnittlicher Zinssatz über mehrere Jahre verwendet werden kann. Dieser führt bei vielen Unternehmen zu einem schwankenden Eigenkapital. Die Schwankungen haben jedoch zumeist keine Cashflowrelevanz, sondern werden im Zeitablauf durch Buchgewinne oder Verluste wieder ausgeglichen. Auch der umgekehrte Fall, bei dem das Ergebnis im Zeitablauf – beispielsweise mittels Rückstellungen – geglättet wird, ist in der Praxis anzutreffen. In diesem Fall schwankt das Eigenkapital weniger, als ökonomisch begründbar wäre. Aus diesen Gründen sollte auch bei der Eigenkapitalrentabilität ein mehrjähriger Betrachtungszeitraum Verwendung finden. Schlussendlich ist die Qualität der Ergebniskenngröße Net Income von entscheidender Bedeutung bei der Verwendung dieser Kennzahl.

7.7.4.4. Überblick empirischer Werte der BACH-Datenbank für die teilnehmenden Länder

Die folgende Tabelle gibt einen Überblick über die Eigenkapitalrentabilität von 2018 bis 2020 für ausgewählte Sektoren der NACE-Gliederung:

Sektor	Bezeichnung	2018	2019	2020
C	Verarbeitendes Gewerbe/Herstellung von Waren	21,84 %	11,84 %	7,86 %
F	Baugewerbe/Bau	9,09 %	10,30 %	8,91 %
G	Handel; Instandhaltung und Reparatur von Kraftfahrzeugen	31,56 %	12,67 %	11,67 %
I	Gastgewerbe/Beherbergung und Gastronomie	9,08 %	8,44 %	–12,87 %
Zc	Gesamt ohne Holdinggesellschaften	16,01 %	9,75 %	6,99 %

Tab 55: Eigenkapitalrentabilität BACH-Datenbank (Quelle der Basisdaten zur Berechnung: BACH [2022], abgerufen am 12.9.2022)

7.7.5. Return on Total Invested Capital (ROIC)

$$ROIC = \frac{EBIT}{\text{durchschnittliches investiertes Kapital}}$$

Das durchschnittliche investierte Kapital kann wie folgt ermittelt werden:

	Durchschnittliches Eigenkapital
+	Durchschnittliches verzinsliches Fremdkapital
=	**Durchschnittliches verzinsliches Kapital**
–	Verzinsliches, nicht betriebsnotwendiges Vermögen
=	**Durchschnittliches investiertes Kapital**

Je nach Berechnungsart und vorhandenen Informationen kann das durchschnittliche verzinsliche Kapital um das verzinsliche, nicht betriebsnotwendige Vermögen (zB überschüssige liquide Mittel, Wertpapiere) bereinigt werden, um vom durchschnittlichen verzinslichen Kapital auf das durchschnittliche investierte Kapital zu kommen.

Die Abgrenzung des **verzinslichen Fremdkapitals** ist in der Praxis in der externen Analyse schwierig. Üblicherweise können in der Praxis, sofern ausreichend Angaben im Jahresabschluss vorhanden sind, folgende Posten als verzinsliches Fremdkapital identifiziert werden. Je nachdem, ob diese Posten tatsächlich zinstragend sind oder noch weitere Fremdkapitalteile verzinslich sind, kann die Auswahl angepasst werden:

- Abfertigungsrückstellungen
- Pensionsrückstellung
- Jubiläumsgeldrückstellungen und sonstige langfristige Personalrückstellungen
- Verbindlichkeiten gegenüber Kreditinstituten
- Sonstige Darlehen Dritter
- Finanzierungsverbindlichkeiten im Konzern, wie etwa Cash-Pooling-Verbindlichkeiten oder Darlehen von verbundenen Unternehmen
- Gesellschafterdarlehen
- Leasingverbindlichkeiten (Finanzierungsleasing)

7.7.5.1. Beispiel zur Berechnung des ROIC

Angabe

Das Operating Income der Mayer GmbH beträgt 23.000 €. Erträge aus Finanzanlagen betrugen 1.000 €. Abschreibungen in Höhe von 10.000 € wurden in der Gewinn- und Verlustrechnung erfasst. Weiters sind Zinsen in Höhe von 2.000 € angefallen. An Steueraufwendungen wurden 5.000 € erfasst. Das Eigenkapital zu Beginn des Geschäftsjahres betrug 30.000 €, es erfolgte eine Ausschüttung in Höhe von 12.000 €. Das verzinsliche Fremdkapital zu Beginn des Jahres betrug 50.000 €. Im Geschäftsjahr wurden weitere 10.000 € aufgenommen.

Lösung

Eigenkapital am Ende des Geschäftsjahres = 30.000 + 17.000 – 12.000 = 35.000

Durchschnittliches Eigenkapital = 1/2 × (30.000 + 35.000) = 32.500

Durchschnittliches verzinsliches Fremdkapital = 1/2 × (50.000 + 60.000) = 55.000

EBIT = 23.000 + 1.000 = 24.000

$$\text{ROIC} = \frac{24.000}{(32.500 + 55.000)} = 27{,}4\ \%$$

7.7.5.2. Interpretation des Return on Total Invested Capital (ROIC) im Zuge der Bilanzanalyse

Das **ROIC** ist zwangsläufig höher als die Gesamtkapitalrentabilität, da bei gleichem Zähler der Nenner kleiner ist. Je höher es ist, desto profitabler ist das Unternehmen für die Kapitalgeber, wobei über die Aufteilung zwischen Fremd- und Eigenkapitalgebern dabei keine Aussage getroffen werden kann. Die Verwendung des EBIT ist ökonomisch sinnvoll, da dies die Ergebniskenngröße noch vor Aufwendungen für die Fremdkapitalgeber ist. Die Kennzahl ist unabhängig von der Besteuerung des Unternehmens. Sollen Unternehmen innerhalb eines Steuerregimes verglichen werden, ist diese Vorgehensweise sinnvoll. Sind jedoch beispielsweise die Unternehmen in unterschiedlichen Ländern, wobei in einem Land Fremdkapitalzinsen die steuerliche Bemessungsgrundlage kürzen, im anderen Land aber nicht, wäre eine Investition bei gleichem ROIC in das steuerlich günstigere Land für die Kapitalgeber vorzuziehen. Um die Vergleichbarkeit nach Steuern zu ermöglichen, wird auch teilweise vorgeschlagen, ein EBIT abzüglich fiktiver Ertragsteuern zu verwenden.

7.7.5.3. Kritische Würdigung des Return on Total Invested Capital

Zunächst bestehen dieselben Probleme, die bereits bei der Gesamtkapitalrentabilität angeführt wurden. Insbesondere wollen wir auch nochmals darauf hinweisen, dass bei Verwendung von Stichtagswerten zur Ermittlung des durchschnittlich investierten Kapitals ein erhöhtes Risiko besteht, dass diese Werte nicht repräsentativ für das tatsächlich durchschnittlich eingesetzte Kapital sind. Die bewusste Verminderung der Vorratsbestände, das verstärkte Eintreiben von Forderungen oder die vorübergehende Nichtbegleichung bestehender Verbindlichkeiten sind oft stichtagsbezogene Maßnahmen zur Verbesserung relevanter Kennzahlen. Die daraus freiwerdenden Mittel werden zur Rückzahlung von Kreditlinien verwendet, wodurch tendenziell das investierte Kapital unterschätzt und der ROIC überschätzt wird. Diese Problematik wird im Vergleich zur Gesamtkapitalrentabilität noch durch den Passivtausch zwischen verzinslichem und unverzinslichem Fremdkapital erhöht. In der Praxis kann es schwierig sein, das verzinsliche vom unverzinslichen Fremdkapital zu trennen, wenn man in der Analyse auf den Jahresabschluss und Anhang als Informationsbasis angewiesen ist. Verzinsliches Fremdkapital könnte in den Verbindlichkeiten gegenüber verbundenen Unternehmen (zB Cash-Pooling oder Darlehen), in den sonstigen Verbindlichkeiten (etwa Darlehen, die nicht von Kreditinstituten stammen, oder stille Einlagen) oder auch in den Verbindlichkeiten aus Lieferungen und Leistungen enthalten sein, ohne dass ausreichend genaue Angaben erfolgen, um diese zu erkennen. In der Praxis kann man nach unserer Erfahrung davon ausgehen, dass Kapitalgeber kein Kapital langfristig zinsfrei, das heißt ohne Entgelt, zur Verfügung stellen.

Bei den langfristigen Personalrückstellungen gibt es unterschiedliche Auffassungen, ob diese dem verzinslichen oder dem unverzinslichen Fremdkapital zugezählt werden sollen. Insbesondere stellt sich diese Frage, wenn die Zinsen für Personalrückstellungen nicht im Zinsaufwand, sondern im Personalaufwand erfasst werden, wie in UGB-Abschlüssen erlaubt. In der Praxis zählen wir die langfristigen Personalrückstellungen zum verzinslichen Fremdkapital.

7.7.5.4. Überblick empirischer Werte der BACH-Datenbank für die teilnehmenden Länder

Die folgende Tabelle gibt einen Überblick über den ROIC von 2018 bis 2020 für ausgewählte Sektoren der NACE-Gliederung:

Sektor	Bezeichnung	2018	2019	2020
C	Verarbeitendes Gewerbe/Herstellung von Waren	16,34 %	9,70 %	6,87 %
F	Baugewerbe/Bau	7,84 %	8,72 %	7,71 %
G	Handel; Instandhaltung und Reparatur von Kraftfahrzeugen	22,74 %	11,81 %	10,62 %
I	Gastgewerbe/Beherbergung und Gastronomie	7,03 %	7,04 %	–4,41 %
Zc	Gesamt ohne Holdinggesellschaften	11,57 %	8,10 %	6,14 %

Tab 56: ROIC BACH-Datenbank (Quelle der Basisdaten zur Berechnung: BACH [2022], abgerufen am 12.9.2022)

7.8. Statische Kennzahlen der kurzfristigen Liquidität

Kennzahlen der kurzfristigen Liquidität sollen Auskunft darüber geben, ob das Unternehmen in der Lage ist, seinen kurzfristigen finanziellen Verpflichtungen nachzukommen. Im Regelfall werden kurzfristige Schulden mit kurzfristigen Vermögenswerten in Verbindung gesetzt. Beispiele hierfür sind die **Current Ratio** (auch als **Working Capital Ratio** oder **Liquidität 3. Grades** bezeichnet), die **Quick Ratio (auch als Liquidität 2. Grades bezeichnet)** oder die **Cash Ratio** (auch als **Liquidität 1. Grades** bezeichnet). Zur Verbesserung der Aussagekraft können zusätzlich Umschlagshäufigkeiten des kurzfristigen Vermögens, insbesondere die Umschlagshäufigkeit der Forderungen, die Umschlagshäufigkeit der Vorräte und die Umschlagshäufigkeit der Verbindlichkeiten herangezogen werden. Aus den genannten Umschlagshäufigkeiten lässt sich der sogenannte Cash Conversion Cycle ableiten.

7.8.1. Working Capital, Current Ratio, Quick Ratio und Cash Ratio

Das Working Capital besteht aus dem Umlaufvermögen nach Abzug des kurzfristigen Fremdkapitals.

	Umlaufvermögen
–	Kurzfristiges Fremdkapital
=	**Working Capital**

Das Working Capital wird als das durch die operative Geschäftstätigkeit gebundene Umlaufvermögen definiert.

Je nach Analysezweck kann das Working Capital unterschiedlich definiert werden. Eine engere Definition geht davon aus, in das Umlaufvermögen nur Vorratsbestände sowie Forderungen aus Lieferungen und Leistungen unter Abzug der Verbindlichkeiten aus Lieferungen und Leistungen einzubeziehen. Auch die Verzinsungsperspektive kann einfließen, indem das Working Capital als nicht zinsbringende Posten der kurzfristigen Vermögensgegenstände und kurzfristigen Verbindlichkeiten definiert werden.[243]

Neben der Definition und Analyse des Working Capital können weitere statische Kennzahlen der Liquidität ermittelt werden:

$$\text{Current Ratio} = \frac{\text{kurzfristiges Vermögen}}{\text{kurzfristige Verbindlichkeiten}^{*}}$$

$$\text{Quick Ratio} = \frac{\text{Liquide Mittel} + \text{kurzfristige Forderungen} + \text{kurzfristige Wertpapiere}}{\text{kurzfristige Verbindlichkeiten}^{*}}$$

$$\text{Cash Ratio} = \frac{\text{Liquide Mittel}}{\text{kurzfristige Verbindlichkeiten}^{*}}$$

* Inklusive des kurzfristigen Teils der langfristigen Verbindlichkeiten. Dies können zB innerhalb der nächsten zwölf Monaten fällige Tilgungen für langfristige Darlehensverbindlichkeiten sein, deren offener Restbetrag über die nächsten Jahre in Raten zu tilgen ist.

7.8.1.1. Beispiel zur Berechnung von Current Ratio, Quick Ratio und Cash Ratio

Angabe

Die Mayer GmbH weist in ihrer Bilanz zum Geschäftsjahresende Vorräte in Höhe von 20.000 €, Forderungen in Höhe von 10.000 € und liquide Mittel in Höhe von 5.000 € aus. Ansonsten werden keine anderen kurzfristigen Vermögenswerte ausgewiesen. Das kurzfristige Fremdkapital in Höhe von 25.000 € umfasst kurzfristige Verbindlichkeiten gegenüber Banken in Höhe von 10.000 € sowie kurzfristige Verbindlichkeiten aus Lieferungen und Leistungen in Höhe von 10.000 €. Der kurzfristige Teil der langfristigen Verbindlichkeiten beträgt 5.000 €.

243 Vgl *Vater/Klepzig* in *Losbichler/Eisl/Engelbrechtsmüller* (2015) 305.

Lösung

$$\text{Current Ratio} = \frac{35.000}{25.000} = 1{,}4$$

$$\text{Quick Ratio} = \frac{15.000}{25.000} = 0{,}6$$

$$\text{Cash Ratio} = \frac{5.000}{25.000} = 0{,}2$$

7.8.1.2. Interpretation von Current Ratio, Quick Ratio und Cash Ratio

Die drei Kennzahlen sollen Aufschluss darüber geben, ob die kurzfristigen finanziellen Verpflichtungen durch das Unternehmen erfüllt werden können. Die konservativste Kennzahl ist die **Cash Ratio**, gefolgt von **Quick Ratio** und **Current Ratio**. Bei der Quick Ratio und bei der Current Ratio wird implizit unterstellt, dass die kurzfristigen Verbindlichkeiten eine längere Laufzeit aufweisen als die kurzfristigen Vermögenswerte. Als Faustregel wird vor allem im angloamerikanischen Raum für die Quick Ratio ein Wert größer eins, als sogenannter Acid Test, gefordert. Für die Current Ratio gilt als Faustregel die sogenannte Banker's Rule, die ein Verhältnis von größer zwei fordert. Die Werte können jedoch je nach Branche andere Ausprägungen annehmen. Ein zu hoher Grad, insbesondere bei der Cash Ratio, deutet darauf hin, das überflüssige liquide Mittel vorhanden sind und nicht effizient eingesetzt werden.

Neben dem Kongruenzprinzip blicken Unternehmen im Rahmen einer wertorientierten Unternehmensführung in der Praxis eher stringent auf das Working Capital. So setzen sich Unternehmen häufig zum Ziel, das Working Capital so gering wie möglich zu halten, da es nicht zinsbringend veranlagt ist.[244]

7.8.1.3. Kritische Würdigung von Current Ratio, Quick Ratio und Cash Ratio

Abgesehen von den Problemen der Bewertung der Vorräte und Forderungen ist insbesondere anzumerken, dass die statische Liquiditätsbetrachtung zum Stichtag problematisch ist, da das Working Capital im Zuge der realen Bilanzpolitik leicht zu beeinflussen ist. Durch eine Verminderung des Vorratsbestandes zum Stichtag unter den kritischen Bestand können Mittel freigesetzt werden, um kurzfristige Verbindlichkeiten zu tilgen. Es ist somit kritisch zu hinterfragen, ob die Stichtagswerte repräsentativ für das Unternehmen sind. Weitere für die Liquidität wesentliche Informationen, wie beispielsweise kurzfristige, nicht ausgenutzte Kreditlinien, werden zudem nicht berücksichtigt.

7.8.1.4. Überblick empirischer Werte der BACH-Datenbank für die teilnehmenden Länder

Die folgende Tabelle gibt einen Überblick über die Current, die Quick und die Cash Ratio von 2018 bis 2020 für ausgewählte Sektoren der NACE-Gliederung:

244 Vgl zB *Vater/Klepzig* in *Losbichler/Eisl/Engelbrechtsmüller* (2015) 304.

Sektor	Bezeichnung	2018			2019			2020		
		CuR	QR	CaR	CuR	QR	CaR	CuR	QR	CaR
C	Verarbeitendes Gewerbe/Herstellung von Waren	1,43	0,68	0,06	1,37	0,64	0,06	1,44	0,70	0,07
F	Baugewerbe/Bau	1,46	0,70	0,05	1,46	0,71	0,06	1,49	0,76	0,06
G	Handel; Instandhaltung und Reparatur von Kraftfahrzeugen	1,37	0,65	0,06	1,40	0,66	0,06	1,49	0,74	0,06
I	Gastgewerbe/Beherbergung und Gastronomie	1,08	0,58	0,07	1,10	0,58	0,07	0,99	0,51	0,06
Zc	Gesamt ohne Holdinggesellschaften	1,31	0,66	0,07	1,33	0,67	0,08	1,37	0,73	0,08

Tab 55: Quick Ratio BACH-Datenbank (Quelle der Basisdaten zur Berechnung: BACH [2022], abgerufen am 12.9.2022)

7.8.2. Umschlagshäufigkeit der Forderungen aus Lieferungen und Leistungen

$$\text{Umschlagshäufigkeit der Forderungen} = \frac{\text{Umsatzerlöse}}{\text{durchschnittliche Forderungen}}$$

7.8.2.1. Beispiel zur Berechnung der Umschlagshäufigkeit der Forderungen aus Lieferungen und Leistungen

Angabe

Die Mayer GmbH weist in ihrer Bilanz zum Geschäftsjahresende Forderungen aus Lieferungen und Leistungen in Höhe von 10.000 € aus. Im Vorjahr betrugen die Forderungen aus Lieferungen und Leistungen 15.000 €. Die Umsatzerlöse des Geschäftsjahres betrugen 110.000 €.

Lösung

$$\text{Umschlagshäufigkeit der Forderungen} = \frac{110.000}{1/2 \times (10.000 + 15.000)} = 8{,}8$$

7.8.2.2. Interpretation der Umschlagshäufigkeit der Forderungen aus Lieferungen und Leistungen

Die Kennzahl gibt Auskunft darüber, wie oft die Forderungen im Durchschnitt des Jahres umgeschlagen werden, und damit, wie schnell die Umsatzerlöse zu einem Geldmittelzufluss führen. Eine hohe Umschlagshäufigkeit der Forderungen deutet darauf hin, dass die Zahlungsziele vergleichsweise kurz sind und auch die tatsächlichen Zahlungen kurzfristig stattfinden. Ein höherer Umschlag spricht daher für eine bessere kurzfristige Liquidität des Unternehmens.

7.8.2.3. Kritische Würdigung der Umschlagshäufigkeit der Forderungen aus Lieferungen und Leistungen

Problematisch für die Ermittlung der durchschnittlichen Forderungen aus Lieferungen und Leistungen ist die Stichtagsbetrachtung. Viele produzierende Unternehmen haben beispielsweise zwischen Weihnachten und Jahreswechsel keine Produktion und aufgrund von Urlaub auch geringere Verkaufszahlen. Dadurch wird die Umschlagshäufigkeit im Vergleich zum Rest des Geschäftsjahres stark abweichen. Weiters verzerrt die Umsatzsteuer diese Kennzahl, da die Umsatzerlöse ohne Umsatzsteuer, die Forderungen aus Lieferungen und Leistungen aber generell inklusive Umsatzsteuer gebucht werden. Teilweise wird in der Literatur eine Korrektur der Umsatzerlöse mit dem Umsatzsteuersatz angegeben. Diese Vorgehensweise ist dann sinnvoll, wenn die entsprechenden Informationen vorhanden sind. Verkauft ein Unternehmen Waren in verschiedene Länder, sind nicht alle Umsatz-Transaktionen gleich mit Umsatzsteuer zu belasten.[245] Im Anhang zum Jahresabschluss sind derartige Informationen in der Regel nicht in einem zufriedenstellenden Detailgrad enthalten, um eine Bereinigung der Forderungen aus Lieferungen und Leistungen um die Umsatzsteuer durchzuführen.

7.8.2.4. Überblick empirischer Werte der BACH-Datenbank für die teilnehmenden Länder

Die folgende Tabelle gibt einen Überblick über die Umschlagshäufigkeit der Forderungen aus Lieferungen und Leistungen von 2018 bis 2020 für ausgewählte Sektoren der NACE-Gliederung:

Sektor	Bezeichnung	2018	2019	2020
C	Verarbeitendes Gewerbe/Herstellung von Waren	6,82	6,89	6,29
F	Baugewerbe/Bau	3,74	4,01	3,77
G	Handel; Instandhaltung und Reparatur von Kraftfahrzeugen	10,23	10,54	10,19
I	Gastgewerbe/Beherbergung und Gastronomie	15,56	16,91	10,60
Zc	Gesamt ohne Holdinggesellschaften	7,58	7,63	7,15

Tab 56: Umschlagshäufigkeit der Forderungen aus Lieferungen und Leistungen BACH-Datenbank (Quelle der Basisdaten zur Berechnung: BACH [2022], abgerufen am 12.9.2022)

7.8.3. Umschlagshäufigkeit der Vorräte

$$\text{Umschlagshäufigkeit der Vorräte} = \frac{\text{Vorratsverbrauch}}{\text{durchschnittlicher Vorratsbestand}}$$

245 Exportumsätze und innergemeinschaftliche Lieferungen in andere Länder der Europäischen Union sind grundsätzlich nicht mit Umsatzsteuer zu belasten – im Detail bleibt dies je Fall zu prüfen.

7.8.3.1. Beispiel zur Berechnung der Umschlagshäufigkeit der Vorräte

Angabe

Die Mayer GmbH ermittelt einen Vorratsverbrauch in Höhe von 70.000 €. Im Vorjahr betrugen die Vorräte 15.000 €, im Geschäftsjahr stiegen sie auf 25.000 €.

Lösung

$$\text{Umschlagshäufigkeit der Vorräte} = \frac{70.000}{1/2 \times (25.000 + 15.000)} = 3{,}5$$

7.8.3.2. Interpretation der Umschlagshäufigkeit der Vorräte

Die Kennzahl gibt Auskunft darüber, wie oft die Vorräte im Durchschnitt des Jahres umgeschlagen werden, und damit, wie schnell der Vorratsbestand verbraucht wird. Ein hoher Umschlag deutet darauf hin, dass der Vorratsbestand kurzfristig zum Zufluss liquider Mittel und damit zu einer besseren kurzfristigen Liquidität führt.

7.8.3.3. Kritische Würdigung der Umschlagshäufigkeit der Vorräte

Problematisch ist insbesondere, dass der Vorratseinsatz für einen externen Bilanzleser nicht direkt ersichtlich ist. Nicht alle Materialaufwendungen müssen zwangsläufig den Lagerbestand beeinflussen. Werden beispielsweise Konsignationsläger verwendet[246], findet eine Abfassung direkt im Materialaufwand statt. Ökonomisch wäre zur korrekten Ermittlung der Kennzahl der Materialaufwand zwischen dem eigenen Lager und dem Konsignationslager aufzuteilen, wofür aber in der Praxis üblicherweise die Informationen fehlen, da der Materialaufwand nur gesammelt erfasst wird. Dadurch wird im Ergebnis der Umschlag besser dargestellt, als er ökonomisch tatsächlich ist. Für produzierende Unternehmen ergeben sich durch den Produktionsprozess noch zusätzlich Probleme bei der Ermittlung des Vorratsverbrauchs, da der Materialaufwand sich lediglich auf den Einsatz der Rohstoffe bezieht. Bessere Ergebnisse können hier im Umsatzkostenverfahren bei Verwendung der Herstellkosten des Umsatzes als Näherung für den Vorratseinsatz erzielt werden. Bei Verwendung des Gesamtkostenverfahrens durch ein produzierendes Unternehmen sollte von der Ermittlung eines Vorratsumschlags, bezogen auf die Gesamtvorräte, Abstand genommen werden. Für Handelsunternehmen ist die Kennzahl daher im Regelfall insgesamt leichter analysierbar. Für den Bewertungsspielraum im Bereich der Vorräte verweisen wir auf die Ausführungen im Kapitel 7.5.3.3. über die Vorratsintensität. Wesentliche Abschreibungen auf Vorräte beeinflussen den Materialaufwand und können zu Einmaleffekten führen, die aus dem Jahresabschluss und Anhang in der Praxis nicht immer einfach zu erkennen sind.[247]

---

246 Der beschriebene Fall ist anwendbar, wenn ein Lieferant ein Lager beim Unternehmen eingerichtet hat und die Waren im Lager im wirtschaftlichen Eigentum des Lieferanten verbleiben. Erst bei der Entnahme geht die Ware in das wirtschaftliche Eigentum des Unternehmens über. Zur Beurteilung des wirtschaftlichen Eigentums im Zuge der Bilanzierung kommt es insbesondere auf die Gefahrtragung an – siehe dazu auch Kapitel 5.8. zur Umsatzrealisierung.

247 Wertberichtigungen auf selbsterstellte Halb- und Fertigwaren sind im Gesamtkostenverfahren grundsätzlich in der Bestandsveränderung abzubilden. Sind die Abschreibungen auf das Umlaufvermögen wesentlich, sind diese grundsätzlich separat auszuweisen, was eine Analyse erleichtert.

7.8.3.4. Überblick empirischer Werte der BACH-Datenbank für die teilnehmenden Länder

Die folgende Tabelle gibt einen Überblick über die Umschlagshäufigkeit der Vorräte von 2018 bis 2020 für ausgewählte Sektoren der NACE-Gliederung:

Sektor	Bezeichnung	2018	2019	2020
C	Verarbeitendes Gewerbe/Herstellung von Waren	4,13	3,98	3,52
F	Baugewerbe/Bau	1,23	1,29	1,18
G	Handel; Instandhaltung und Reparatur von Kraftfahrzeugen	7,58	7,71	7,13
I	Gastgewerbe/Beherbergung und Gastronomie	9,46	9,52	5,35
Zc	Gesamt ohne Holdinggesellschaften	5,32	5,26	4,72

Tab 57: Umschlagshäufigkeit der Vorräte BACH-Datenbank (Quelle der Basisdaten zur Berechnung: BACH [2022], abgerufen am 12.9.2022)

7.8.4. Umschlagshäufigkeit der Verbindlichkeiten aus Lieferungen und Leistungen

$$\text{Umschlagshäufigkeit der Verbindlichkeiten} = \frac{\text{Einkauf}}{\text{durchschnittliche Verbindlichkeiten}}$$

7.8.4.1. Beispiel zur Berechnung der Umschlagshäufigkeit der Verbindlichkeiten aus Lieferungen und Leistungen

Angabe

Die Mayer GmbH hat insgesamt Waren und Dienstleistungen im Umfang von 90.000 € bezogen. Im Vorjahr betrugen die Verbindlichkeiten aus Lieferungen und Leistungen 15.000 €, im Geschäftsjahr sinken sie auf 10.000 €.

Lösung

$$\text{Umschlagshäufigkeit der Verbindlichkeiten} = \frac{90.000}{1/2 \times (15.000 + 10.000)} = 7{,}2$$

7.8.4.2. Interpretation der Umschlagshäufigkeit der Verbindlichkeiten aus Lieferungen und Leistungen

Die Kennzahl gibt Auskunft darüber, wie oft die Verbindlichkeiten im Durchschnitt des Jahres umgeschlagen werden, und damit, wie schnell die Lieferantenverbindlichkeiten beglichen werden. Ein sinkender Umschlag deutet darauf hin, dass das Unternehmen verstärkt auf die Finanzierung durch Lieferanten angewiesen ist oder diese bewusst durchsetzen kann.

7.8.4.3. Kritische Würdigung der Umschlagshäufigkeit der Verbindlichkeiten aus Lieferungen und Leistungen

Wie bereits beim Vorratseinsatz der Umschlagshäufigkeit der Vorräte ist auch bei der Umschlagshäufigkeit der Verbindlichkeiten aus Lieferungen und Leistungen der Wareneinkauf für den externen Bilanzleser nicht direkt ersichtlich. Als Näherung werden in der Praxis gerne der Materialaufwand oder bei Anwendung des Umsatzkostenverfahrens die Herstellkosten des Umsatzes verwendet. Dabei sollten insbesondere hohe Veränderungen des Vorratsbestandes oder signifikante Änderungen der sonstigen betrieblichen Aufwendungen beachtet werden, da diese die ermittelten Kennzahlen weiter verfälschen. Weiters werden auch Verbindlichkeiten aus der Lieferung von Anlagevermögen in den Verbindlichkeiten aus Lieferungen und Leistungen ausgewiesen. Diese erhöhen weder den Materialaufwand noch den sonstigen betrieblichen Aufwand, da das Anlagegut aktiviert und über die Nutzungsdauer abgeschrieben wird. Bei wesentlichen Verbindlichkeiten aus der Lieferung von Anlagegütern, die am Bilanzstichtag offen sind, macht es keinen Sinn, Verbindlichkeiten aus Lieferungen und Leistungen mit Materialaufwendungen in Bezug zu setzen, da diese nicht der einzige wesentliche Einflussfaktor sind. Dementsprechend ist zuerst um Verbindlichkeiten aus dem Kauf von Anlagegütern zu bereinigen, wenn die Informationen dafür vorhanden sind.

Ein weiteres Problem ergibt sich – wie bei der Umschlagshäufigkeit der Forderungen aus Lieferungen und Leistungen – in diesem Fall bei der Berücksichtigung der Umsatzsteuer. Im Idealfall sollten die Verbindlichkeiten aus Lieferungen und Leistungen um die Umsatzsteuer korrigiert werden, wenn die Informationen dafür verfügbar sind. Schlussendlich ist auch wieder auf die Stichtagsthematik hinzuweisen. Werden bewusst zum Ende des Jahres Zahlläufe ausgelassen, verringert sich die Umschlagshäufigkeit der Verbindlichkeiten aus Lieferungen und Leistungen entsprechend.

7.8.4.4. Überblick empirischer Werte der BACH-Datenbank für die teilnehmenden Länder

Die folgende Tabelle gibt einen Überblick über die Umschlagshäufigkeit der Verbindlichkeiten aus Lieferungen und Leistungen von 2018 bis 2020 für ausgewählte Sektoren der NACE-Gliederung:

Sektor	Bezeichnung	2018	2019	2020
C	Verarbeitendes Gewerbe/Herstellung von Waren	4,62	4,69	4,19
F	Baugewerbe/Bau	1,92	2,00	1,88
G	Handel; Instandhaltung und Reparatur von Kraftfahrzeugen	7,14	6,98	6,78
I	Gastgewerbe/Beherbergung und Gastronomie	3,35	3,44	2,11
Zc	Gesamt ohne Holdinggesellschaften	4,71	4,80	4,40

Tab 58: Umschlagshäufigkeit der Verbindlichkeiten aus Lieferungen und Leistungen BACH-Datenbank (Quelle der Basisdaten zur Berechnung: BACH [2022], abgerufen am 12.9.2022)

7.8.5. Cash Conversion Cycle (CCC)

$$CCC = \frac{365}{\text{Umschlagshäufigkeit Forderungen}} + \frac{365}{\text{Umschlagshäufigkeit Vorräte}} - \frac{365}{\text{Umschlagshäufigkeit Verbindlichkeiten}}$$

7.8.5.1. Beispiel zur Berechnung des Cash Conversion Cycle

Angabe

Die Mayer GmbH hat die in den Beispielen zur Umschlagshäufigkeit der Forderungen aus Lieferungen und Leistungen, der Umschlagshäufigkeit der Vorräte und der Umschlagshäufigkeit der Verbindlichkeiten aus Lieferungen und Leistungen angeführten Umschlagshäufigkeiten.

Lösung

$$CCC = \frac{365}{8{,}8} + \frac{365}{3{,}5} + \frac{365}{7{,}2} = 41{,}5 + 104{,}3 - 50{,}7 = 95{,}1 \text{ Tage}$$

7.8.5.2. Interpretation des Cash Conversion Cycle

Die Kennzahl gibt Aufschluss darüber, wie viele Tage ein Unternehmen im Durchschnitt die Vermögenswerte vorfinanzieren muss, bevor diese in flüssige Mittel umgewandelt werden können. Eine Verkürzung des Cash Conversion Cycle ist vorteilhaft für die kurzfristige Liquidität, da eine kürzere Periode zwischenfinanziert werden muss. Im Extremfall kann der Cash Conversion Cycle sogar negativ werden, falls der Lieferant erst bezahlt wird, nachdem der Kunde bezahlt hat. Diese Kennzahl variiert sehr stark zwischen den Branchen, weshalb vor allem ein Vergleich im Zeitablauf oder innerhalb der gleichen Branche stattfinden sollte.

7.8.5.3. Kritische Würdigung des Cash Conversion Cycle

Zunächst sei auf die Probleme bei den Ausführungen zu den anderen Umschlagshäufigkeiten der kurzfristigen Liquidität verwiesen. Weiters ist anzumerken, dass ein kürzerer Cash Conversion Cycle nicht zwangsläufig vorteilhaft für ein Unternehmen sein muss. Wird bereits im Geschäftsmodell eine längere Finanzierung der Kunden in Kauf genommen, um die Umsätze überhaupt zu erzielen, da im Vergleich zur Konkurrenz bessere Kreditkonditionen bestehen, kann es auch durchaus ökonomisch sinnvoll sein, den Cash Conversion Cycle zu verlängern, um schlussendlich höhere Umsatzerlöse zu erzielen.

7.8.5.4. Überblick empirischer Werte der BACH-Datenbank für die teilnehmenden Länder

Die folgende Tabelle gibt einen Überblick über den Cash Conversion Cycle von 2018 bis 2020 für ausgewählte Sektoren der NACE-Gliederung:

Sektor	Bezeichnung	2018	2019	2020
C	Verarbeitendes Gewerbe/Herstellung von Waren	63,07	66,91	74,69
F	Baugewerbe/Bau	204,75	191,12	212,20
G	Handel; Instandhaltung und Reparatur von Kraftfahrzeugen	32,74	29,72	33,23
I	Gastgewerbe/Beherbergung und Gastronomie	–47,02	–46,17	–70,26
Zc	Gesamt ohne Holdinggesellschaften	39,29	41,07	45,40

Tab 59: Cash Conversion Cycle BACH-Datenbank (Quelle der Basisdaten zur Berechnung: BACH [2022], abgerufen am 12.9.2022)

7.9. Statische Kennzahlen der langfristigen Liquidität

Der Grundsatz der **Fristenkongruenz** sagt aus, dass die Zahlungsfähigkeit eines Unternehmens sicher ist, wenn der Zeitraum der Kapitalüberlassung dem Zeitraum der Kapitalbindung entspricht. Die **statische Liquiditätsanalyse** basiert auf Bestandsgrößen der Bilanz und Aktiva als gebundene künftige Einzahlungen und Passiva als gebundene künftige Auszahlungen. Vor allem Kreditgeber, wie Banken oder Lieferanten, sind zumeist daran interessiert, ob ein Unternehmen langfristig in der Lage sein wird, seinen Verpflichtungen nachzukommen. Für gewöhnlich spielt dabei die Eigenkapitalausstattung des Unternehmens eine wesentliche Rolle. Zu Beginn stehen daher oftmals die Ermittlung und die Analyse der Entwicklung der **Eigenkapitalquote**. Eine Weiterentwicklung der Eigenkapitalquote ist das in der Praxis häufig anzutreffende **Gearing**, bei dem das Verhältnis von Eigenkapital zum verzinslichen Fremdkapital abzüglich der vorhandenen liquiden Mittel herangezogen wird. Im nächsten Schritt der Analyse können die Fristigkeiten der Vermögenswerte mit der Fristigkeit des Kapitals in Verbindung gesetzt werden. In diesem Zusammenhang spricht man von Deckungsgradkennzahlen. Analog zu den Liquiditätsgraden unterscheidet man auch bei den Deckungsgradkennzahlen in **Deckung 1. Grades, Deckung 2. Grades** und **Deckung 3. Grades**.

Im österreichischen Recht ist die Berechnung der Eigenmittelquote im Unternehmensreorganisationsgesetz (URG) festgelegt. Gemäß § 23 URG ist die Eigenmittelquote der Prozentsatz, der sich aus dem Verhältnis zwischen dem Eigenkapital einerseits sowie den Posten des Gesamtkapitals vermindert um die von den Vorräten absetzbaren Anzahlungen andererseits ergibt. Ist die fiktive Schuldentilgungsdauer (siehe Kapitel 7.10.1.) länger als 15 Jahre und liegt die Eigenkapitalquote unter 8 %, so liegt die Vermutung des Reorganisationsbedarfs vor. Obwohl das Reorganisationsverfahren in der Praxis in Österreich nur selten genutzt wird, ist es für die Geschäftsführung dennoch empfehlenswert, die Kennzahlen Eigenkapitalquote und Schuldentilgungsdauer aus Haftungsüberlegungen zu ermitteln und deren Entwicklung im Blick zu behalten.[248]

7.9.1. Eigenkapitalquote

$$\text{Eigenkapitalquote} = \frac{\text{Eigenkapital}}{\text{Gesamtkapital}}$$

7.9.1.1. Beispiel zur Berechnung der Eigenkapitalquote

Angabe

Die Mayer GmbH weist in ihrer Bilanz zum Geschäftsjahresende Eigenkapital in Höhe von 30.000 € aus. Die Bilanzsumme beläuft sich auf 110.000 €.

Lösung

$$\text{Eigenkapitalquote} = \frac{30.000}{110.000} = 27{,}3\ \%$$

7.9.1.2. Interpretation der Eigenkapitalquote

Eine hohe **Eigenkapitalquote** deutet darauf hin, dass das Insolvenzrisiko des Unternehmens gering ist. Ist sie jedoch zu hoch, stellt sich die Frage, ob durch die Aufnahme von Fremdkapital nicht die Rentabilität für die Eigenkapitalgeber erhöht werden könnte. In der Theorie wird viel über den optimalen Verschuldungsgrad und damit die optimale Eigenkapitalquote einer Gesellschaft diskutiert. Eher von theoretischem Interesse ist das sogenannte **Modigliani-und-Miller-Theorem**[249], das davon ausging, dass die Kapitalstruktur irrelevant ist und eine optimale Kapitalstruktur daher nicht existiert. Einen der Praxis eher entsprechenden Erklärungsgehalt liefert die sogenannte **Trade-off-Theorie**[250], die davon ausgeht, dass die optimale Kapitalstruktur abhängig von möglichen positiven Effekten von Fremdkapital, wie zB dem Steuervorteil aus der Abzugsfähigkeit der Zinsen, und negativen Effekten, wie beispielsweise dem erhöhten Insolvenzrisiko, ist. Die **Pecking-Order-Theorie**[251] geht davon aus, dass das Management zunächst versucht, Investitionen intern zu finanzieren, und erst in einem weiteren Schritt an die Fremdkapitalgeber herantritt, falls eine Innenfinanzierung nicht möglich ist. Die Erhöhung des Eigenkapitals durch Eigenkapitalgeber wird nach dieser Theorie als die letzte Option angeführt. Die Pecking-Order-Theorie geht somit nicht von einem optimalen Verschuldungsgrad aus, sondern erklärt den sich ergebenden Verschuldungsgrad aus den Präferenzen des Managements. In der Bilanzanalyse könnte nach diesem Modell daher die Zuführung von Fremdkapital darauf hindeuten, dass das Management Investitionen durchführt, die intern nicht finanzierbar sind. Werden neue Eigenkapitalgeber aufgenommen, kann es darauf hindeuten, dass Fremdkapitalgeber nicht bereit sind,

248 Vgl § 22 ff URG.
249 Vgl *Modigliani/Miller* (1958) 261–297.
250 Vgl *Kraus/Litzenberger* (1973) 911–922.
251 Vgl *Myers/Majluf* (1984) 187–211.

zusätzliches Fremdkapital zuzuführen. Schlussendlich versucht die **Market-Timing-Theory**[252], den Verschuldungsgrad dadurch zu erklären, dass die Entscheidungsträger versuchen, die Eigenkapitalaufnahme optimal zu timen und Eigenkapital dann aufzunehmen, wenn sie davon ausgehen, dass das Eigenkapital des Unternehmens vom möglichen Eigenkapitalgeber überbewertet wird, und im Fall der Unterbewertung Eigenkapitalinstrumente durch das Unternehmen selbst rückzukaufen. Da der Rückkauf von Eigenkapitalinstrumenten durch das Unternehmen selbst bei börsennotierten Unternehmen stark reguliert ist, ist dieser eher selten anzutreffen und sollte jedenfalls einer gesonderten Analyse unterzogen werden.

In der Praxis ist eine Ermittlung des optimalen Verschuldungsgrades für ein Unternehmen nur schwer möglich. Eine besonders hohe oder eine besonders niedrige Eigenkapitalquote sollte jedenfalls im Zuge der Bilanzanalyse hinterfragt werden.

7.9.1.3. Kritische Würdigung der Eigenkapitalquote

Wie bereits mehrfach angeführt, sollte – sofern möglich – überprüft werden, ob die Eigenkapitalquote zu den Bilanzstichtagen auch tatsächlich repräsentativ für das Geschäftsjahr ist. Weiters sollte das Eigenkapital um immaterielles Anlagevermögen, insbesondere um Firmenwerte, gekürzt werden, da darin bereits zukünftige Gewinne eingepreist sind und die Bewertung einer erhöhten Unsicherheit unterliegt. Operating-Leasing-Verhältnisse führen zu einer Bilanzverkürzung und damit ebenfalls zu einer Verbesserung der Eigenkapitalquote. Auch jede Saldierung, wie beispielsweise die Saldierung gewisser Vermögenswerte mit den Pensionsrückstellungen, führt zu einer Erhöhung der Eigenkapitalquote. Da das Eigenkapital alle Bewertungsunterschiede und Bewertungsspielräume umfasst, ist insbesondere bei einem Vergleich zwischen unterschiedlichen Rechnungslegungsregimen erhöhte Vorsicht geboten.

7.9.1.4. Überblick empirischer Werte der BACH-Datenbank für die teilnehmenden Länder

Die folgende Tabelle gibt einen Überblick über die Eigenkapitalquote von 2018 bis 2020 für ausgewählte Sektoren der NACE-Gliederung:

Sektor	Bezeichnung	2018	2019	2020
C	Verarbeitendes Gewerbe/Herstellung von Waren	43,42 %	43,45 %	45,42 %
F	Baugewerbe/Bau	28,93 %	29,51 %	29,23 %
G	Handel; Instandhaltung und Reparatur von Kraftfahrzeugen	36,91 %	36,65 %	37,23 %
I	Gastgewerbe/Beherbergung und Gastronomie	37,73 %	38,14 %	32,36 %
Zc	Gesamt ohne Holdinggesellschaften	38,37 %	38,75 %	38,87 %

Tab 60: Eigenkapitalquote BACH-Datenbank (Quelle der Basisdaten zur Berechnung: BACH [2022], abgerufen am 12.9.2022)

252 Vgl *Baker/Wurgler* (2002) 1–32.

7.9.2. Gearing

$$\text{Gearing} = \frac{\text{Verzinsliches Fremdkapital} - \text{Liquide Mittel}}{\text{Eigenkapital}}$$

7.9.2.1. Beispiel zur Berechnung des Gearings

Angabe

Die Mayer GmbH weist in ihrer Bilanz zum Geschäftsjahresende Eigenkapital in Höhe von 30.000 € aus. Die Bilanzsumme beläuft sich auf 110.000 €, wovon 50.000 € verzinsliches Fremdkapital betreffen. Auf der Aktivseite werden liquide Mittel in Höhe von 10.000 € ausgewiesen.

Lösung

$$\text{Gearing} = \frac{50.000 - 10.000}{30.000} = 1{,}33$$

7.9.2.2. Interpretation des Gearings

Die Interpretation des **Gearings** erfolgt analog zur Eigenkapitalquote. Ein niedrigeres Gearing deutet auf ein geringeres Insolvenzrisiko hin. Ein zu niedriges Gearing kann aber auch darauf hindeuten, dass durch eine Erhöhung des Gearings die Rentabilität für die Eigenkapitalgeber erhöht werden könnte. Ein optimales Gearing ist daher im Allgemeinen nicht ermittelbar. Im Extremfall kann das Gearing auch negative Werte annehmen, wenn die liquiden Mittel das verzinsliche Fremdkapital übersteigen.

7.9.2.3. Kritische Würdigung des Gearings

Die Problembereiche ergeben sich im Allgemeinen analog zur Eigenkapitalquote. Zusätzlich stellt sich die Frage, ob langfristige Personalrückstellungen als verzinsliches oder unverzinsliches Fremdkapital interpretiert werden. Der konservative Ansatz ist die Interpretation als verzinsliches Fremdkapital. Die Interpretation hängt auch davon ab, ob der Zinsaufwand im Personalaufwand (wie im UGB zulässig) oder im Finanzergebnis erfasst wird. Durch das Auslassen von Zahllaufen vor dem Stichtag und der Rückführung von kurzfristigen Kreditlinien lässt sich im Rahmen der realen Bilanzpolitik diese Kennzahl bei weitem leichter beeinflussen als die Eigenkapitalquote.

7.9.2.4. Überblick empirischer Werte der BACH-Datenbank für die teilnehmenden Länder

Die folgende Tabelle gibt einen Überblick über das Gearing von 2018 bis 2020 für ausgewählte Sektoren der NACE-Gliederung:

Sektor	Bezeichnung	2018	2019	2020
C	Verarbeitendes Gewerbe/Herstellung von Waren	0,46	0,48	0,40
F	Baugewerbe/Bau	0,62	0,56	0,55
G	Handel; Instandhaltung und Reparatur von Kraftfahrzeugen	0,47	0,46	0,46
I	Gastgewerbe/Beherbergung und Gastronomie	0,80	0,78	1,07
Zc	Gesamt ohne Holdinggesellschaften	0,67	0,66	0,64

Tab 61: Gearing BACH-Datenbank (Quelle der Basisdaten zur Berechnung: BACH [2022], abgerufen am 12.9.2022)

7.9.3. Deckung 1., 2. und 3. Grades

In Deckungsgraden wird analysiert, ob der Grundsatz der Fristenkongruenz eingehalten wird:

$$\text{Deckung 1. Grades} = \frac{\text{Eigenkapital}}{\text{Anlagevermögen}}$$

$$\text{Deckung 2. Grades} = \frac{\text{Eigenkapital} + \text{langfristiges Fremdkapital}}{\text{Anlagevermögen}}$$

$$\text{Deckung 3. Grades} = \frac{\text{Eigenkapital} + \text{langfristiges Fremdkapital}}{\text{langfristiges Vermögen}}$$

7.9.3.1. Beispiel zur Berechnung der Deckung 1., 2. und 3. Grades

Angabe

Die Mayer GmbH weist in ihrer Bilanz zum Geschäftsjahresende Eigenkapital in Höhe von 30.000 € aus. Das langfristige Fremdkapital beträgt 50.000 €. Das langfristige Vermögen beträgt zum Stichtag insgesamt 70.000 €, wovon 50.000 € auf das Anlagevermögen entfallen.

Lösung

$$\text{Deckung 1. Grades} = \frac{30.000}{50.000} = 0,6$$

$$\text{Deckung 2. Grades} = \frac{30.000 + 50.000}{50.000} = 1,6$$

$$\text{Deckung 3. Grades} = \frac{30.000 + 50.000}{70.000} = 1,14$$

7.9.3.2. Interpretation der Deckungsgrade

Die Deckung 1. Grades ist von allen drei Deckungen die konservativste Kennzahl. Je höher die Deckungsgrade, desto besser ist die langfristige Liquidität gesichert. Es wird gefordert, dass der Deckungsgrad größer als eins ist und somit bei der Deckung 1. Grades das Anlagevermögen rein durch Eigenkapital finanziert ist. Diese Forderung ist im deutschsprachigen Raum auch als **goldene Bilanzregel** bekannt. Die Deckung 3. Grades ist immer kleiner als die Deckung 2. Grades, aber größer als die Deckung 1. Grades. Ein Wert der Deckung 2. Grades größer als eins bedeutet, dass das langfristige Vermögen durch langfristiges Kapital finanziert ist. Diese Forderung wird im deutschsprachigen Raum als **silberne Finanzierungsregel** bezeichnet.

7.9.3.3. Kritische Würdigung der Deckung 1., 2. und 3. Grades

Für alle **Deckungsgrade** gilt zunächst, dass die Fristenkongruenz trotz Erfüllens der Deckungsgrade nicht gegeben sein muss. Beispielsweise kann die mittlere Laufzeit des langfristigen Fremdkapitals nur zwei Jahre betragen, die mittlere Laufzeit des Anlagevermögens aber länger sein. Nach der goldenen Finanzierungsregel wäre Fristenkongruenz gegeben, aber ökonomisch kann in zwei Jahren eine Refinanzierung des Anlagevermögens notwendig sein. Weiters können nicht berücksichtigte stille Reserven und stille Lasten die Kennzahl deutlich verfälschen. Immaterielle Vermögensgegenstände, wie insbesondere Entwicklungsaufwendungen, können eventuell nicht erfasst sein. Das Imparitätsprinzip bringt naturgemäß eine „Verzerrung" des Erfassungszeitpunktes zwischen Aktiv- und Passivseite in UGB- und dHGB-Abschlüssen. Schlussendlich fehlt – wie bereits bei den Kennzahlen der kurzfristigen statischen Liquidität – auch bei diesen Kennzahlen die dynamische Betrachtung. Es ist keine Aussage darüber möglich, welche künftigen Zahlungsverpflichtungen das Unternehmen hat und wie diese gedeckt sind.

7.9.3.4. Überblick empirischer Werte der BACH-Datenbank für die teilnehmenden Länder

Die folgende Tabelle gibt einen Überblick über die Deckung 1. bis 3. Grades (D1-D3) von 2018 bis 2020 für ausgewählte Sektoren der NACE-Gliederung:

Sektor	Bezeichnung	2018			2019			2020		
		D1	D2	D3	D1	D2	D3	D1	D2	D3
C	Verarbeitendes Gewerbe/ Herstellung von Waren	0,86	1,33	1,28	0,85	1,29	1,24	0,90	1,33	1,28
F	Baugewerbe/Bau	0,90	1,74	1,58	0,91	1,72	1,58	0,89	1,73	1,58
G	Handel; Instandhaltung und Reparatur von Kraftfahrzeugen	1,02	1,50	1,44	1,03	1,56	1,48	1,07	1,72	1,49
I	Gastgewerbe/Beherbergung und Gastronomie	0,53	1,05	1,03	0,54	1,06	1,04	0,47	1,02	1,00
Zc	Gesamt ohne Holdinggesellschaften	0,68	1,22	1,17	0,69	1,22	1,17	0,70	1,27	1,18

Tab 62: Deckungsgrade BACH-Datenbank (Quelle der Basisdaten zur Berechnung: BACH [2022], abgerufen am 12.9.2022)

7.10. Dynamische Kennzahlen der Liquidität

Anstelle der stichtagsbezogenen Bilanzdaten der statischen Liquiditätsanalyse werden bei der dynamischen Liquiditätsanalyse – auch oder ausschließlich – zeitraumbezogene Größen verwendet. Nachdem für die Sicherung der Liquidität im Wesentlichen die Zahlungsflüsse von Bedeutung sind, stehen zumeist Cashflowkenngrößen oder Näherungsgrößen für den Cashflow wie das EBITDA, im Vordergrund. Wichtige Beispiele hierfür sind die **Schuldentilgungsdauer** (auch als **dynamischer Verschuldungsgrad bezeichnet) und die Cashflow Rate.** Für Banken häufig von Interesse ist die **Interest Cover Ratio**, die angibt, wie oft der Zinsenaufwand durch das EBIT gedeckt ist.

7.10.1. Schuldentilgungsdauer (dynamischer Verschuldungsgrad)

$$\text{Schuldentilgungsdauer} = \frac{\text{Fremdkapital} - \text{Liquide Mittel}}{\text{Cashflow}}$$

7.10.1.1. Beispiel zur Berechnung der Schuldentilgungsdauer

Angabe

Die Mayer GmbH weist in ihrer Bilanz zum Geschäftsjahresende Fremdkapital in Höhe von 30.000 € und liquide Mittel in Höhe von 5.000 € aus. Die Berechnung des Cashflows ergab einen operativen Cashflow in Höhe von 4.000 €.

Lösung

$$\text{Schuldentilgungsdauer} = \frac{30.000 - 5.000}{4.000} = 6{,}25 \text{ Jahre}$$

7.10.1.2. Interpretation der Schuldentilgungsdauer

Die **Schuldentilgungsdauer** gibt an, wie viele Jahre es dauert, bis das Unternehmen unter der Annahme gleichbleibender Zahlungsflüsse vollständig entschuldet ist. Teilweise wird – anstelle des Fremdkapitals abzüglich der liquiden Mittel – auch das gesamte Fremdkapital, nur das verzinsliche Fremdkapital oder auch das verzinsliche Fremdkapital abzüglich der liquiden Mittel herangezogen. Die Definition des Cashflows ist uneinheitlich. Teilweise wird der operative Cashflow, teilweise der Free Cashflow (operativer Cashflow zuzüglich Investitionscashflow – das heißt ohne Finanzierungscashflow) oder auch eine Näherung wie das EBITDA herangezogen. *Kralicek et al* (2008) gehen vom sogenannten Praktiker-Cashflow aus, bei dem das EBITDA um die Veränderung der langfristigen Rückstellungen korrigiert wird. Gemäß der Auswertungstabelle des Quick-Tests nach *Kralicek et al* wird eine Schuldentilgungsdauer kleiner als drei Jahren als sehr gut, eine kleiner als fünf Jahre als gut, eine von kleiner als zwölf Jahre als mittel und eine kleiner als 30 Jahre als schlecht angesehen. Eine Schuldentilgungsdauer größer als 30 Jahre wird als insolvenzgefährdend eingestuft. Im österreichischen URG liegt bei einer fiktiven Schuldentilgungsdauer von mehr als 15 Jahren[253], kombiniert mit einer

253 Die Ermittlung gemäß dem österreichischen URG ist in § 24 URG geregelt.

Eigenkapitalquote von weniger als 8 %, die Vermutung eines Reorganisationsbedarfs vor. Wenn die tatsächliche Nutzung eines Reorganisationsverfahrens in Österreich auch in der Praxis nicht vorkommt, können die Haftungsbestimmungen für die Geschäftsführung im Insolvenzfall dennoch von Relevanz sein, weshalb die regelmäßige Kontrolle der „URG-Kennzahlen“ durch das Management empfohlen sei.

7.10.1.3. Kritische Würdigung der Schuldentilgungsdauer

Wie bereits unter Kapitel 7.2. dargestellt, können Cashflowkenngrößen durch reale Bilanzpolitik gesteuert werden. Weiters unterliegen sie häufig sehr großen Schwankungen, wodurch die Kennzahl insgesamt sehr stark schwanken kann. Auch eine uneinheitliche Definition des operativen Cashflows kann zu Unterschieden führen, wenn beispielsweise ein Unternehmen gezahlte Zinsen dem operativen Cashflow, ein anderes dem Finanzierungscashflow zuordnet. Wird der operative Cashflow, das EBITDA oder der Praktiker-Cashflow herangezogen, fehlen außerdem die Auszahlungen des Investitionscashflows, die jedoch in der Regel notwendig sind, bevor Fremdkapital zurückgezahlt werden kann. Schlussendlich führen auch Finanzierungsleasingvereinbarungen, die als operatives Leasing qualifiziert werden, zu einer Verzerrung der tatsächlichen Schuldentilgungsdauer, da das Fremdkapital dadurch zu gering dargestellt wird.

7.10.1.4. Überblick empirischer Werte der BACH-Datenbank für die teilnehmenden Länder

Die folgende Tabelle gibt einen Überblick über die Schuldentilgungsdauer von 2018 bis 2020 für ausgewählte Sektoren der NACE-Gliederung:

Sektor	Bezeichnung	2018	2019	2020
C	Verarbeitendes Gewerbe/Herstellung von Waren	3,85	5,00	5,62
F	Baugewerbe/Bau	9,98	9,02	9,24
G	Handel; Instandhaltung und Reparatur von Kraftfahrzeugen	3,25	5,63	5,54
I	Gastgewerbe/Beherbergung und Gastronomie	5,58	5,51	40,56
Zc	Gesamt ohne Holdinggesellschaften	4,89	6,12	6,79

Tab 63: Schuldentilgungsdauer BACH-Datenbank (Quelle der Basisdaten zur Berechnung: BACH [2022], abgerufen am 12.9.2022)

7.10.2. Cashflow Rate

$$\text{Cashflow Rate} = \frac{\text{Cashflow}}{\text{Umsatz}}$$

7.10.2.1. Beispiel zur Berechnung der Cashflow Rate

Angabe

Die Mayer GmbH weist in ihrer Erfolgsrechnung einen Umsatz in Höhe von 110.000 € aus. Eine Berechnung des Cashflows ergab einen operativen Cashflow in Höhe von 4.000 €.

Lösung

$$\text{Cashflow Rate} = \frac{4.000}{110.000} = 3{,}64\ \%$$

7.10.2.2. Interpretation der Cashflow Rate

Die **Cashflow Rate** ist ähnlich den Kennzahlen der Umsatzrentabilität und gibt an, wie viel Prozent des Umsatzes zu einer Einzahlung führen. Eine hohe Cashflow Rate deutet darauf hin, dass das Unternehmen im Zuge des Umsatzprozesses hohe liquide Mittel freisetzt, die für Investitionen oder zur Bedienung der Kapitalgeber genutzt werden können. Wie bei der Umsatzrentabilität kann hier anstelle des Umsatzes die Gesamtleistung herangezogen werden. Für den Cashflow können auch Näherungen wie der Praktiker-Cashflow oder das EBITDA verwendet werden. Bei Verwendung des EBITDA ist die Kennzahl identisch mit der Umsatzrentabilität (EBITDA). *Kralicek et al* (2008) beziehen sich auch hier wieder auf den Praktiker-Cashflow sowie auf die Betriebsleistung. Gemäß der Auswertungstabelle des Quick-Tests nach *Kralicek et al* wird eine Cashflow Rate von mehr als 10 % als sehr gut, von mehr als 8 % als gut, von mehr als 5 % als mittel und von weniger als 5 % als schlecht eingestuft.[254] Ein negativer Wert deutet auf eine Insolvenzgefährdung hin.

7.10.2.3. Kritische Würdigung der Cashflow Rate

Auch bei dieser Kennzahl ist, wie bereits in Kapitel 7.2. dargestellt, vor allem die Beeinflussung im Rahmen der realen Bilanzpolitik und der hohen Schwankung problematisch. Weiters können sich auch bei der Cashflow Rate Probleme durch unterschiedliche Cashflow-Definitionen und durch die Verwendung von Leasingverträgen ergeben.

7.10.2.4. Überblick empirischer Werte der BACH-Datenbank für die teilnehmenden Länder

Die folgende Tabelle gibt einen Überblick über die Cashflow Rate von 2018 bis 2020 für ausgewählte Sektoren der NACE-Gliederung:

Sektor	Bezeichnung	2018	2019	2020
C	Verarbeitendes Gewerbe/Herstellung von Waren	13,38	10,47	9,94
F	Baugewerbe/Bau	8,58	9,02	9,18
G	Handel; Instandhaltung und Reparatur von Kraftfahrzeugen	8,89	5,13	5,46
I	Gastgewerbe/Beherbergung und Gastronomie	13,29	13,00	3,20
Zc	Gesamt ohne Holdinggesellschaften	12,61	10,06	9,94

Tab 64: Cashflow Rate BACH-Datenbank (Quelle der Basisdaten zur Berechnung: BACH [2022], abgerufen am 12.9.2022)

254 Siehe hierzu auch Kapitel 7.1.

7.10.3. Interest Cover Ratio

$$\text{Interest Cover Ratio} = \frac{\text{EBIT}}{\text{Zinsaufwendungen}}$$

7.10.3.1. Beispiel zur Berechnung der Interest Cover Ratio

Angabe

Die Mayer GmbH erwirtschaftet im Geschäftsjahr ein Operating Income in Höhe von 23.000 €. Die Erträge aus Zinsen auf Bankeinlagen betrugen im Geschäftsjahr 1.000 €. Abschreibungen wurden in Höhe von 10.000 € in der Gewinn- und Verlustrechnung erfasst. Weiters sind Zinsen in Höhe von 2.000 € angefallen. An Steueraufwendungen wurden 5.000 € erfasst.

Lösung

$$\text{Interest Cover Ratio} = \frac{23.000 + 1.000}{2.000} = 12$$

7.10.3.2. Interpretation der Interest Cover Ratio

Eine hohe **Interest Cover Ratio** deutet darauf hin, dass die Fremdkapitalzinsen im Ergebnis des Unternehmens Deckung finden und daher zukünftige Zinsenzahlungen nicht gefährdet sind.

7.10.3.3. Kritische Würdigung der Interest Cover Ratio

Vor allem die Qualität des EBIT ist entscheidend für die Qualität der Kennzahl. Weiters können Leasingvereinbarungen zu einer starken Verfälschung der Kennzahl führen, falls die impliziten Zinsen der Leasingvereinbarung nicht im Zinsenaufwand enthalten sind. Sind Zinsen für Personalrückstellungen enthalten, sollten diese besser vom EBIT und vom Zinsenaufwand in Abzug gebracht werden, da es sich typischerweise um keine gezahlten Zinsen handelt. Einschränkend bleibt noch anzumerken, dass das EBIT allein keine Aussage über die Liquidität des Unternehmens gibt, da keine Berücksichtigung der Zahlungswirksamkeit von Erträgen und Aufwendungen erfolgt.

7.10.3.4. Überblick empirischer Werte der BACH-Datenbank für die teilnehmenden Länder

Die folgende Tabelle gibt einen Überblick über die Interest Cover Ratio von 2018 bis 2020 für ausgewählte Sektoren der NACE-Gliederung:

Sektor	Bezeichnung	2018	2019	2020
C	Verarbeitendes Gewerbe/Herstellung von Waren	12,90	9,15	7,11
F	Baugewerbe/Bau	4,75	5,79	5,21
G	Handel; Instandhaltung und Reparatur von Kraftfahrzeugen	13,16	5,82	5,94
I	Gastgewerbe/Beherbergung und Gastronomie	4,57	4,87	–3,07
Zc	Gesamt ohne Holdinggesellschaften	7,58	5,50	4,71

Tab 65: Interest Cover Ratio BACH-Datenbank (Quelle der Basisdaten zur Berechnung: BACH [2022], abgerufen am 12.9.2022)

7.11. Risikokennzahlen

Kennzahlen des operativen Risikos geben Auskunft darüber, wie hoch das Risiko aus dem Geschäftsfeld des Unternehmens ist. Neben der bereits in Kapitel 7.4.2. dargestellten **Umsatzvolatilität** kann auch der **Operative Leverage** dazu gezählt werden.

7.11.1. Operativer Leverage

$$\text{Operativer Leverage} = \frac{1}{n} \times \sum_{i=l}^{n} \frac{\text{\% Veränderung Operating Income}}{\text{\% Veränderung Umsatz}}$$

7.11.1.1. Beispiel zur Berechnung des Operativen Leverage

Angabe

Die Mayer GmbH erwirtschaftet im Geschäftsjahr einen Umsatz von 110.000 €, im Vorjahr einen Umsatz von 100.000 € und im Vorvorjahr einen Umsatz von 105.000 €. Im selben Zeitraum erzielt die Gesellschaft ein Operating Income von 30.000 € im Geschäftsjahr, 15.000 € im Vorjahr und 20.000 € im Vorvorjahr.

Lösung

$$\text{Operativer Leverage} = \frac{1}{2} \times \left(\frac{\frac{30.000}{15.000} - 1}{\frac{110.000}{100.000} - 1} + \frac{\frac{15.000}{20.000} - 1}{\frac{100.000}{105.000} - 1} \right) = \frac{1}{2} \times \left(\frac{100\%}{10\%} + \frac{-25\%}{-4{,}8\%} \right) = 7{,}625$$

7.11.1.2. Interpretation des Operativen Leverage im Zuge der Bilanzanalyse

Weist ein Unternehmen ausschließlich variable Kosten auf, ist das Operating Income ein fixer Prozentsatz der Umsatzerlöse und der **Operative Leverage** beträgt eins. Werden variable Kosten durch Fixkosten ersetzt, schwankt für gewöhnlich das Operating Income stärker als der Umsatz, woraus folgt, dass der Operative Leverage größer als eins ist. Ein Operativer Leverage von null bedeutet, dass das Operating Income trotz schwankender Umsätze konstant bleibt. Ein hoher Operativer Leverage bedeutet somit ein erhöhtes operatives Risiko, da geringe Schwankungen im Umsatz bereits hohe Auswirkungen auf das Operating Income haben können.

7.11.1.3. Kritische Würdigung des Operativen Leverage

Zunächst ist die Aussagekraft im Wesentlichen abhängig von der Qualität des Operating Income, wie bereits unter Kapitel 7.3.3. dargestellt. Kann weiters ein Unternehmen bei sinkenden Umsätzen gleichzeitig das Operating Income durch überproportionalen Abbau der Kosten oder Steigerung des Rohertrags erhöhen, ist die Interpretation der Kennzahl problematisch, da ein höherer Wert in diesem Fall auf ein geringeres operatives Risiko hindeutet. Ein Vergleich mit anderen Unternehmen kann daher zu zweideutigen Ergebnissen führen.

7.11.1.4. Überblick empirischer Werte der BACH-Datenbank für die teilnehmenden Länder

Die folgende Tabelle gibt einen Überblick über den Operativen Leverage von 2018 bis 2020 für ausgewählte Sektoren der NACE-Gliederung:

Sektor	Bezeichnung	2018	2019	2020	18–20
C	Verarbeitendes Gewerbe/Herstellung von Waren	57,47	14,12	5,84	23,97
F	Baugewerbe/Bau	1,05	1,61	2,23	1,45
G	Handel; Instandhaltung und Reparatur von Kraftfahrzeugen	71,44	31,27	0,83	35,99
I	Gastgewerbe/Beherbergung und Gastronomie	2,82	3,76	3,06	3,11
Zc	Gesamt ohne Holdinggesellschaften	24,00	20,86	2,11	13,34

Tab 66: Operativer Leverage BACH-Datenbank (Quelle der Basisdaten zur Berechnung: BACH [2022], abgerufen am 12.9.2022)

7.12. Das DuPont-Kennzahlensystem

Das wahrscheinlich bekannteste Kennzahlensystem ist das **DuPont-Kennzahlensystem**. Es erfreut sich vor allem deshalb großer Beliebtheit, da es die Stellhebel für den wirtschaftlichen Erfolg eines Unternehmens, ausgedrückt als ROI, beschreibt. Es handelt sich, wie in Kapitel 6.3.3. erwähnt, um ein Spitzenkennzahlensystem mit dem **Return on Investment (ROI)** an der Spitze. Der ROI wird dabei als Ergebnis des Produkts der Umschlagshäufigkeit des eingesetzten Kapitals und der Umsatzrentabilität dargestellt.

7.12.1. DuPont-System

$$\text{ROI} = \frac{\text{Gewinn}}{\text{Umsatzerlöse}} \times \frac{\text{Umsatzerlöse}}{\text{durchschnittlich eingesetztes Kapital}}$$

7.12.1.1. Beispiel zur Berechnung des DuPont-Systems

Angabe

Die Mayer GmbH weist in ihrem Jahresabschluss zum Geschäftsjahresende eine Bilanzsumme in Höhe von 110.000 € bei einem Umsatz von 80.000 € und einem EBIT von 24.000 € aus. Die Bilanzsumme zu Beginn des Jahres betrug 100.000 €.

Lösung

$$\text{ROI (Gesamtkapital)} = \frac{24.000}{80.000} \times \frac{80.000}{1/2 \times (110.000 + 100.000)} = 0{,}3 \times 0{,}7619 = 22{,}8\ \%$$

7.12.1.2. Interpretation des DuPont-Kennzahlensystems

Die Rentabilität des Vermögens wird als das Produkt der Umsatzrentabilität und der Umschlagshäufigkeit des eingesetzten Kapitals dargestellt. Eingesetztes Kapital kann beispielsweise das Eigenkapital oder das Gesamtkapital sein. Der ROI wäre im Fall des Eigenkapitals mit der Eigenkapitalrentabilität, im Fall des Gesamtvermögens mit der Gesamtkapitalrentabilität gleichzusetzen. Selbstverständlich lässt sich der ROI auch direkt errechnen, ohne den Umweg über die Umsatzrentabilität und die Umschlagshäufigkeit des eingesetzten Kapitals. Für das DuPont-Kennzahlensystem gilt allerdings Ähnliches wie für die Cashflowrechnung: „Der Weg ist das Ziel". Durch die Aufteilung in das Produkt zweier Kennzahlen ist ersichtlich, dass sich die Rentabilität der Investition entweder steigern lässt, indem der Umschlag des eingesetzten Kapitals erhöht wird, oder indem die Umsatzrentabilität verbessert wird. Ein typisches Beispiel für Unternehmen mit hohem Umschlag des eingesetzten Kapitals aber geringer Umsatzspanne wäre der Supermarkt. Umgekehrt kann aber auch trotz eines geringen Umschlags des eingesetzten Vermögens eine hohe Rentabilität erzielt werden, sofern die Umsatzrentabilität hoch ist, wie beispielsweise bei einem Juwelier.

7.12.1.3. Kritische Würdigung des DuPont-Systems

Da es sich lediglich um eine Kombination aus verschiedenen, bereits dargestellten Kennzahlen handelt, sei an dieser Stelle auf die entsprechenden Kapitel zu den verwendeten Kennzahlen verwiesen. Einer der am häufigsten anzutreffenden Kritikpunkte am DuPont-System ist die ausschließliche Fokussierung auf Finanzkennzahlen, der sich auch insgesamt auf die Bilanzanalyse übertragen lässt. Verschiedene neuere Ansätze wie beispielsweise die **Balanced Score Card** versuchen, dieser Kritik durch die Integration anderer nicht-finanzieller Kennzahlen in die Betriebsanalyse und Steuerung entgegenzuwirken. Für den externen Analysten ist diese Erweiterung im Regelfall jedoch nur sehr eingeschränkt möglich.

7.12.1.4. Überblick empirischer Werte der BACH-Datenbank für die teilnehmenden Länder

Die folgende Tabelle gibt einen Überblick über die Rentabilitäten und Umschlagshäufigkeiten von 2018 bis 2020 für ausgewählte Sektoren der NACE-Gliederung:

Sektor	Bezeichnung	2018			2019			2020		
		GKR	UR	UGK	GKR	UR	UGK	GKR	UR	UGK
C	Verarbeitendes Gewerbe/ Herstellung von Waren	11,30 %	11,16 %	1,01	6,76 %	6,85 %	0,99	4,84 %	5,62 %	0,86
F	Baugewerbe/Bau	4,41 %	6,09 %	0,72	4,88 %	6,35 %	0,77	4,34 %	6,16 %	0,70
G	Handel; Instandhaltung und Reparatur von Kraftfahrzeugen	14,25%	7,37 %	1,93	7,25 %	3,71 %	1,96	6,74 %	3,80 %	1,77
I	Gastgewerbe/Beherbergung und Gastronomie	5,42 %	9,69 %	0,56	5,09 %	9,09 %	0,56	5,19 %	9,56 %	0,54
Zc	Gesamt ohne Holdinggesellschaften	8,16 %	8,92 %	0,91	5,74 %	6,32%	0,91	4,38 %	5,42 %	0,81

Tab 67: DuPont BACH-Datenbank (Quelle der Basisdaten zur Berechnung: BACH [2022], abgerufen am 12.9.2022)

Weiterführende Literatur

Die Literatur zur Bilanzanalyse ist sehr umfangreich. Je nach Zielsetzung gibt es von der allgemeinen Einführung bis hin zur Fachliteratur für spezielle Teilbereiche der Bilanzanalyse ein breites Sammelsurium an Veröffentlichungen. Die folgende Übersicht ist nur ein kleiner Ausschnitt dieser umfassenden Literatur.

- *Baumüller/Kreuzer*, Bilanzanalyse, Linde Verlag.
- *Bertl/Deutsch-Godoni/Hirschler*, Buchhaltungs- und Bilanzierungshandbuch, Lexis-Nexis.
- *Coenenberg/Haller/Schultze*, Jahresabschluss und Jahresabschlussanalyse, Schäffer-Poeschel.
- *Egger/Bertl/Hirschler/Mittelbach-Hörmanseder*, Der Jahresabschluss nach dem Unternehmensgesetzbuch – Band 1 bis Band 3, Linde Verlag.
- *Küting/Weber*, Die Bilanzanalyse, Schäffer-Poeschel.
- *Lachnit/Müller*, Bilanzanalyse, Springer Gabler.
- *Losbichler/Eisl/Engelbrechtsmüller* (Hrsg), Handbuch der betriebswirtschaftlichen Kennzahlen, Linde Verlag.
- *Wagenhofer*, Bilanzierung & Bilanzanalyse, Linde Verlag.

Stichwortverzeichnis